养殖致富攻略·一线专家答疑丛书

小龙虾高效养殖新技术有问必答

马达文　编著

U0238315

中国农业出版社

图书在版编目（CIP）数据

小龙虾高效养殖新技术有问必答/马达文编著.—
北京：中国农业出版社，2016.12（2018.7重印）
（养殖致富攻略·一线专家答疑丛书）
ISBN 978-7-109-22569-5

Ⅰ.①小… Ⅱ.①马… Ⅲ.①龙虾科—淡水养殖—问
题解答 Ⅳ.①S966.12-44

中国版本图书馆 CIP 数据核字（2017）第 004458 号

中国农业出版社出版
（北京市朝阳区麦子店街 18 号楼）
（邮政编码 100125）
责任编辑 郑 珂 肖 邦
————————
中国农业出版社印刷厂印刷 新华书店北京发行所发行
2017 年 1 月第 1 版 2018 年 7 月北京第 4 次印刷
————————
开本：880mm×1230mm 1/32 印张：5.375 插页：4
字数：150 千字
定价：20.00 元
（凡本版图书出现印刷、装订错误，请向出版社发行部调换）

　　小龙虾，学名克氏原螯虾（*Procambarus clarkii*），英文名称 Red Swamp Crayfish（红沼泽螯虾），是淡水螯虾家族中的一个中小型种类。因其形态与海水龙虾相似，在国际上又被称为淡水龙虾（Freshwater Lobster）或淡水螯虾（Freshwater Crayfish），在我国它的称呼繁多，广泛而通俗地称为小龙虾，是一种淡水经济甲壳动物。随着其自然种群的扩展和人类的养殖活动，小龙虾现已成为我国淡水虾类中的重要资源，广泛分布于我国东北、华北、西北、西南、华东、华中、华南的广大地区，形成可供利用的天然种群，成为我国重要的经济虾类，其主产区为我国长江中下游地区和淮海流域。

　　目前，小龙虾产业已经成为我国部分地区水产业的支柱产业和特色产业。2015 年，仅湖北省小龙虾的综合产值就突破 600 亿。我国小龙虾产业的发展历程大致可分为三个阶段：①20 世纪 90 年代，捕捞野生虾加工出口的起始阶段；②21 世纪初，顺应市场需求开展池塘和稻田小龙虾人工养殖的初级阶段；③2010 年后，虾稻共作技术推动并打造出小龙虾产业化发展阶段。目前，小龙虾已经成为我国水产业中发展最为迅猛、产业最具特色、前景最具潜力的养殖品种之一，已经成为一些地区的特色产业、支柱产业和朝阳产业，许多省、自治区、直辖市都在大力发展，呈现出良好的发展态势。

　　为促进我国小龙虾产业持续健康发展，满足小龙虾养殖从业者和水产战线广大科技工作者对相关养殖技术的需求，笔者在多年从事小龙虾研究与生产实践和参阅大量文献资料的基础上，编写成这本《小龙虾高效养殖新技术有问必答》，期望该书成为广大小龙虾从业者的助手。

　　本书在编著过程中，力求语言精练、通俗易懂，但小龙虾毕竟是近年来开发的养殖新品种，加之时间仓促且笔者水平有限，难免有不妥甚至错误之处，诚恳期望广大读者批评指正。

编　者

2016 年 11 月

目　录

第一章　认识小龙虾

1. 小龙虾都有哪些名称？

小龙虾学名克氏原螯虾（*Procambarus clarkii*），英文名称 Red Swamp Crayfish（红沼泽螯虾），它是淡水螯虾家族中的一个中小型种类。因其形态与海水龙虾相似，在国际上又被称为淡水龙虾（Freshwater Lobster）或淡水螯虾（Freshwater Crayfish）。在我国它的称呼繁多，如淡水小龙虾、淡水龙虾、龙虾、螯虾、克氏螯虾、克氏原螯虾，东北地区称蝲蛄，广泛而通俗地称为小龙虾。在分类学上，克氏原螯虾的地位是：动物界、节肢动物门、甲壳纲、十足目、爬行亚目、蝲蛄科、螯虾亚科、原螯虾属。

小龙虾广泛分布于世界各地。主要分为三个科：拟螯虾科（Parastacidae）、正螯虾科（或称蟹虾科）（Astacidae）和螯虾科（或称蝲蛄科）（Cambaridae），数十个属，400 多种。拟螯虾科主要分布于马达加斯加、澳大利亚、新西兰、智利、新几内亚岛等地，形体较大，在塔斯马尼亚发现的最重个体达到了 6 千克。正螯虾科主要分布于欧洲和北美洲西部，形体中等，有经济意义的主要是太平洋螯虾属（*Pacifastacus*）。螯虾科主要分布于北美洲东部和东亚，形体较小，有经济意义的主要是原螯虾属（*Procambarus*），尤其是其中的克氏原螯虾，产量达到全世界淡水龙虾产量的 70%～80%。

2. 小龙虾的祖先在哪里？

小龙虾原产于美国东南部，是最具食用价值的淡水龙虾品种。小龙虾的生存能力非常强，除了亚洲，欧洲和非洲也是它的家园，因此成为世界级的美食。在欧洲、非洲、澳大利亚、加拿大、新西兰和美国，都有人食用，美国的路易斯安那州号称生产了世界上90％的小龙虾，而当地人就吃了其中的七成。小龙虾在世界范围内的"成功"，除却一些形态和习性上的优势，还得部分归功于它对污染环境的耐受能力。在科学研究上，对污染物非常敏感，或者非常耐受的生物，往往用作环境有无受到污染的指示生物。小龙虾就是这样的一种潜在指示生物。

淡水小龙虾是世界上分布最广，养殖最多，养殖产量最高的淡水螯虾。其人工养殖在 20 世纪 70 年代就已在国外普遍开展，少数国家现已开始研究强化养殖和规模养殖。澳大利亚就有 300 多家小龙虾养殖场，年产量为 500 吨；美国 2000 年小龙虾养殖面积达到 6 万公顷，年产量达 3 万吨以上。

1918 年，日本的本州岛从美国引进小龙虾作为饲养牛蛙的饵料。20 世纪 30 年代，小龙虾从日本传入我国，最初在江苏的北部，50 年代初即在南京出现。随着其自然种群的扩展和人类的养殖活动，现已成为我国淡水虾类中的重要资源，广泛分布于我国东北、华北、西北、西南、华东、华中、华南的 20 多个省、自治区、直辖市及台湾省，形成可供利用的天然种群。目前，我国已经成为小龙虾的养殖大国和出口大国。

3. 小龙虾有什么营养价值？

小龙虾肉质细嫩，风味独特，蛋白质含量高，脂肪含量低，虾黄具有蟹黄味，尤其钙、磷、铁等含量丰富，是营养价值较高的动物性食品，已成为我国城乡居民餐桌上的美味佳肴。

小龙虾可食比率为 20％～30％，虾肉占体重的 15％～18％。从蛋白质成分看来，小龙虾的蛋白质含量高于大多数的淡水和海水鱼虾。其氨基酸组成也优于肉类，不仅含有人体所必需的而体内又不能合成或合成量不足的 8 种氨基酸，即异亮氨酸、亮氨酸、蛋氨酸、色氨酸、赖氨酸、苯丙氨酸、缬氨酸和苏氨酸，而且还含有脊椎动物体内含量很少的精氨酸。此外，小龙虾还含有幼儿必需的组氨酸。特别是占其体重5％左右的肝脏（俗称虾黄），味道别致、营养丰富，虾黄中含有丰富的不饱和脂肪酸、蛋白质和游离氨基酸。

从脂肪成分来看，小龙虾的脂肪含量比畜禽肉类一般要低20％～30％，大多是不饱和脂肪酸，易被人体消化吸收，还可以使胆固醇酯化，防止胆固醇在体内蓄积。

从成分看来，小龙虾含有人体所必需的多种矿物质，含量较多的钙、钠、钾、磷，比较重要的还有铁、硫、铜和硒等微量元素。矿物质总量约为1.6％，其中钙、磷、钠和铁的含量都比一般畜禽肉高，也比对虾高。因此，经常食用小龙虾可保持神经、肌肉的兴奋性。

小龙虾固然营养丰富、美味可口，但在食用前应仔细挑选。颜色发红、身软的小龙虾不新鲜，尽量不吃，腐败变质虾不可食；虾背上的虾线应挑去不吃。

挑选小龙虾最关键。小龙虾最好吃的季节是5—10月份，黄满肉肥，连大螯上的三节都是从头塞到尾的弹牙雪肌。

看小龙虾是清水还是污水里长大的：看背部，红亮干净，这就尚可；再翻开看它的腹部绒毛和爪上的毫毛，这里如果白净整齐，基本上是干净水质里长大的。

购买小龙虾时，你要会看皮色，老龙虾或红得发黑或红中带铁青色，青壮龙虾则红得艳而不俗，有一种自然健康的光泽。再用手碰碰它的壳，铁硬铁硬的是老的无疑，像指甲一样有弹性的才是刚换壳的，所以我们要买壳较软的。

正确清洗、修剪小龙虾的方法是：

（1）剪去大半个头壳，并顺势用剪刀在裸露出来的头连背部的地方挑去黑色的胃囊。

（2）两边的鳃剪去外壳，再跟着斜剪去鳃须。

（3）用手拉住它的尾巴中间那块尾甲，顺势一拉，拉出黑肠子来。

（4）在背上竖剪一刀，以便更入味。

（5）在自来水下用牙刷上下左右边冲边刷之，然后沥去水。千万小心别把虾黄冲掉！

　　上海等地食品药品监督部门曾在一些水产市场查出摊主用所谓"洗虾粉"给虾去污，不同的"洗虾粉"成分不同，有的是碱性物质，有的是柠檬酸和亚硫酸盐，后面这两种成分属于合法的食品添加剂，但"洗虾粉"中还有很多没有分离出来的成分，使用此产品会给消费者健康带来隐患。因此，从市场上买来的小龙虾，应用清水多冲洗，以消除"洗虾粉"等有害物质可能的残留。

　　5月份以后就是小龙虾开始好吃的季节。4月份之前的小龙虾空见其壳，未实其肉。5月份之后，小龙虾逐渐开始饱满结实。

　　小龙虾的做法有很多，爆炒龙虾在全国很多地方流行。北京流行的"麻小"（麻辣小龙虾）是川味火锅的变异，武汉盛行的烤虾球有点烧烤延伸的意思；而湖北潜江盛行的"油焖大虾"和江苏盱眙盛行的"十三香小龙虾"影响可谓之广。

　　小龙虾上下两段，江苏之外其他地方的做法均取其后，至于北京的"麻小"虽然留有前段，但做法上的可流行性较之江苏的做法失却广泛。其实就目前而言，去其前段做法的人大多是觉得前段比较脏和没有什么肉可以食用。实际上只食小龙虾后部的纯肉段只能算是吃了小龙虾的50%。剩余的50%部分都在头部，共由两部分组成。其一是虾黄，弃之实在可惜。其二是头部在烧制过程里所蕴含的那让人闻之所不能容忍的诱人汤汁，在食用小龙虾的时候同时吸咂那美味的汤汁也是品尝小龙虾重要的一个组成部分。所以，如何在卫生的情况之下完全进食小龙虾的精华是目前所要解决的一个问题。

　　适宜食用小龙虾的人群有哪些呢？一般人均可食用。适宜肾虚阳痿、男性不育症、腰脚无力之人食用，适宜小儿正在出麻疹、水痘之时服食，适宜中老年人缺钙所致的小腿抽筋者食用。宿疾者、正值上火之时不宜食虾；患过敏性鼻炎、支气管炎、反复发作性过敏性皮炎的老年人不宜吃虾。虾为动风发物，患有皮肤疥癣者忌食。

　　食用小龙虾要注意哪些禁忌呢？虾忌与某些水果同吃。虾含有比较丰富的蛋白质和钙等营养物质。如果把它们与含有鞣酸的水果，如葡萄、石榴、山楂、柿子等同食，不仅会降低蛋白质的营养价值，而且鞣酸和钙离子结合形成不溶性结合物，引起人体不适，出现呕吐、头晕、恶心和腹痛腹泻等症状。

4. 小龙虾有什么药用价值？

　　小龙虾有重要的食疗价值。其肉中蛋白质的分子较小，含有较多的原肌球蛋白和副肌球蛋白。食用小龙虾具有补肾、壮阳、滋阴、健胃的功能，对提高运动耐力也很有意义。小龙虾壳比其他虾壳更红，这是由于小龙虾壳比其他虾类含有更多的铁、钙和胡萝卜素。小龙虾壳和肉一样对人体健康很有利，可以治疗和预防多种疾病。将虾壳和栀子焙成粉末，可治疗神经痛、风湿、小儿麻痹、癫痫、胃病及一些常见妇科病。用小龙虾壳做原料还可以制造止血药。从小龙虾的虾壳里面提取的甲壳素可以进一步分解成壳聚糖，壳聚糖被誉为继蛋白质、脂肪、糖类、维生素、矿物质五大生命要素之后的"第六大生命要素"，可作为治疗糖尿病、高血脂的良方，是21世纪医疗保健品的发展方向之一。另外，小龙虾还可以入药，能化痰止咳，促进手术后的伤口愈合。

5. 小龙虾还有哪些开发价值？

　　小龙虾的虾头和虾壳共含有 20％的甲壳质，经过加工处理能制成可溶性的甲壳素、壳聚糖，广泛应用于农业、食品、医药、饲料、化工、烟草、造纸、印染等行业。

　　甲壳素是自然界中含量仅次于纤维素的有机高分子化合物，也是迄今发现的唯一天然碱性多糖，大量存在于甲壳类动物体内。甲壳素的化学性质不活泼，溶解性差，脱去乙酰基后，可转变为壳聚糖。壳聚糖被广泛应用于农业、医药、日用化工、食品加工等诸多领域。在农业上可以促进种子发育、提高植物抗菌力、作为地膜材料；在医药方面可用于制造降解缝合材料、人造皮肤、止血剂、抗凝血剂、伤口愈合促进剂；在日用化工上可用于制造洗发香波、头发调理剂、固发剂、牙膏添加剂等，具有广阔的发展前景。此外，虾壳还可用来制作生物柴油催化剂，出口到美、欧等发达国家（地区）。目前此类产品已经批量进入欧洲市场，深受消费者欢迎；更为难得的是，从可持续发展的角度看，从环保的角度分析，由于塑料很难自然降解，已造成全球性"白色污染"，甲壳素作为理想的制膜材料，有望成为塑料的替代品。如果能对废弃的虾头、虾壳进行产业化、规模化的深加工和综合利用，采取有效措施推动小龙虾产业的深度开发，不仅能解除小龙虾加工出口产业的后顾之忧，增强小龙虾仁等产品在国际市场的竞争力，而且其衍生的高附加值产品有近 100 项，转化增值的直接效益将超过 1 000 亿元，还可新增10 万个就业岗位。

D-氨基葡萄糖盐酸盐（D-Glucosamine Hydrochloride，GAH）是甲壳素的水解产物，能促进人体黏多糖的合成，提高关节润滑液的黏性，改善关节软骨代谢，促进软骨组织生长。GAH 制备的方法是先从虾壳中提取出甲壳素，再将其在盐酸中水解而得到目的产物。医学上利用 GAH 制成治疗关节类疾病的复方氨基糖片，合成氯脲霉素等多种生化药剂。GAH 也是重要的婴儿食品添加剂，还可以用作化妆品和饲料添加剂。

小龙虾体内所含有的虾青素是一种应用广泛的类胡萝卜素，有较强的清除自由基的作用，能抗氧化、提高免疫力、预防癌症。虾青素不仅可使观赏鱼类颜色更加鲜艳，同时能提高水生生物的繁殖率，还可以作为新型化妆品原料。

运用生化高新技术，每吨虾（虾头、虾壳）可分别制取 200 千克蛋白质，1.2 千克虾青素、70 千克甲壳素和 200 千克的碳酸钙，共计可生产出近 500 千克的衍生中间品，而通过甲壳素再加工即形成壳聚糖，壳聚糖深加工主要生产成氨基葡萄糖盐酸盐（国际市场价格3 万～4 万美元/吨）、硫酸盐、壳寡糖（国际市场价格 50 万～200 万美元/吨）、虾青素（国际市场价格 7 000 美元/千克），广泛运用于生物、医药、食品、化工等工业领域。通过深加工每吨虾壳比单纯销售鲜虾可增值 10～100 倍。

在小龙虾加工过程中，废弃的虾头和虾壳也是调味品开发的优质资源。虾头内残留的虾黄风味独特，可以加工成虾黄风味料，此外还可以制作仿虾工艺品。

6. 小龙虾靠什么火起来的?

目前,小龙虾产业已经成为我国水产业的支柱产业和特色产业。2015年,湖北省小龙虾综合产值突破600亿。由于小龙虾肉质细嫩,风味独特,加上它重要的食疗价值,更因为小龙虾的加工出口势头强劲和湖北潜江的"油焖大虾"和江苏盱眙的"十三香小龙虾"等名菜的引领,全国掀起了小龙虾红色风暴,小龙虾成为各大酒店和市民餐桌上的美味佳肴,"吃龙虾,喝啤酒,看奥运"成为当年坊间的一种饮食文化。目前,小龙虾餐饮业已开遍全国。小龙虾消费的火爆,推动了小龙虾产业的迅猛发展,现在,小龙虾在国内的售价已远远高于国际售价。可以说,小龙虾是人们吃火的,小龙虾产业是广大市民吃出来的。

7. 小龙虾产业的现状与前景如何?

据文献资料记载,小龙虾的养殖和加工已有百年历史。早在20世纪初,苏联就利用湖泊水体实施小龙虾人工放流,并在1960年进行工厂化育苗试验并取得成功。美国是小龙虾养殖最早的国家,美国路易斯安那州养殖的小龙虾世界闻名,所采取的养殖模式主要是"种稻养虾",即在稻田里插秧,等水稻成熟收割后随即放水淹没秸秆,然后投放小龙虾苗种,被淹的水稻秸秆直接或间接地作为小龙虾的饲料来源。

小龙虾已成为我国淡水养殖的生力军。早在20世纪70年代,长江流域就有少数养殖户开始养殖小龙虾,但是,由于当时缺乏养殖技术和消费市场,一直没有形成规模化生产。2001年,湖北省潜江市积玉口农民率先探索出了稻田养虾模式,经过多名水产专家历时4年的探索,于2004年成功地总结出了"虾稻连作"技术,创造了虾稻综合种养的"虾稻连作"——潜江模式,开创了我国稻田养虾的先河。"虾稻连作"模式既解决了冬季低洼田撂荒的问题,又解决了水产品加工出口企业虾源不足的问题,同时也为农民开拓了一条发家致富的好途径,是一个一举多得的好模式。经过近10年的推广,现已在长江流域普遍开展养殖（表1-1），仅湖北省2011年就已发展"稻虾连作"面积300多万亩*。在此基础上，各省又相继开展了"虾稻共作""池塘养虾""湖泊养虾"和"河沟养虾"等多种养殖模式的探索，都获得了成功。

表1-1　2005—2012年各省小龙虾产量及分布统计

年	产量/比例	湖北	江苏	安徽	江西	浙江	湖南	其他	合计
2005	产量（吨）	23 858	31 156	16 925	11 001	2 322	529	2 458	88 249
	比例（%）	27.0	35.3	19.2	12.5	2.6	0.6	2.8	100
2006	产量（吨）	35 053	25 373	45 337	19 722	1 692	949	2 400	130 526
	比例（%）	26.9	19.4	34.7	15.1	1.3	0.7	1.8	100
2007	产量（吨）	129 923	42 968	57 617	24 757	2 854	1 065	6 259	265 443
	比例（%）	48.9	16.2	21.7	9.3	1.1	0.4	2.4	100
2008	产量（吨）	186 371	58 549	73 637	29 405	4 376	1 432	749	354 519
	比例（%）	52.6	16.5	20.8	8.3	1.2	0.4	0.2	100
2009	产量（吨）	244 579	85 595	83 921	43 498	5 017	1 508	15 256	479 374
	比例（%）	51.0	17.9	17.5	9.1	1.1	0.3	3.3	100
2010	产量（吨）	308 249	93 779	85 214	51 687	5 665	1 656	17 031	563 281
	比例（%）	54.7	16.6	15.1	9.2	1.0	0.3	3.0	100
2011	产量（吨）	231 119	86 253	88 379	55 790	5 130	—	19 648	486319
	比例（%）	47.5	17.7	18.2	11.5	1.1	—	4.0	100
2012	产量（吨）	302 179	83 711	85 704	58 387	4 963	1 999	17 878	554 821
	比例（%）	54.5	15.1	15.4	10.5	0.9	0.4	3.2	100

小龙虾的适应能力强，繁殖速度快，迁移迅速，喜掘洞，对农作物、堤坝及农田水利设施有一定的破坏作用。在我国曾被长期视作敌害生物，至今仍有许多人对此感到忧虑。但小龙虾的掘洞能力、攀援能力以及在陆地上的移动速度都比中华绒螯蟹弱。所以，从总体上来看，小龙虾作为一种水产资源对人类是利多弊少，具有较高的开发价

---

　*：亩为非法定计量单位。1公顷=15亩。

值。作为养殖品种，小龙虾有诸多优势条件：小龙虾对环境的适应性较强，病害少，能在湖泊、池塘、河沟、稻田等多种水体中生长，对养殖条件要求不高，养殖技术易于普及；小龙虾能直接将植物转换成动物蛋白，且生长速度较快，一般经过 3～4 个月的养殖，即可达到上市规格；小龙虾通常以摄食水体中的有机碎屑、水生植物和动物尸体为主，无需投喂特殊的饲料，生长快、产量高、效益好。

小龙虾为欧美市场最受欢迎的水产品之一，已成为我国淡水水产加工出口创汇的主力军。西欧市场每年的消费量为 6 万～8 万吨，其自给率仅为 20％；美国一年的消费量为 4 万～6 万吨；瑞典是小龙虾的狂热消费国，每年举行为期 3 周的龙虾节，全国上下吃小龙虾，每年进口小龙虾达 5 万～10 万吨。小龙虾已成为我国大量出口欧美的重要淡水产品。1988 年，我国湖北省首次对外出口，至 2011 年我国小龙虾的出口量已达到 1.5 万吨，创汇 3 亿多美元，2005—2011 年全国小龙虾的出口量及比例统计见表 1-2。

表 1-2 2005—2011 年全国各省小龙虾的出口量及比例统计

年	产量/比例	湖北	江苏	安徽	江西	浙江	湖南	其他	合计
2005	产量（吨）	5 245	8 199	2 297	493	2 755	129	4 614	23 732
	比例（％）	22.1	34.5	9.7	2.1	11.6	0.5	19.4	100
2006	产量（吨）	7 641	8 836	1 715	626	2 653	331	4 208	26 010
	比例（％）	29.4	34.0	6.6	2.4	10.2	1.3	16.2	100
2007	产量（吨）	8 802	7 197	1 308	887	2 325	261	3 702	24 482
	比例（％）	36.0	29.4	5.3	3.6	9.5	1.1	15.1	100
2008	产量（吨）	12 525	5 538	1 776	728	2 142	370	730	23 809
	比例（％）	52.6	23.3	7.5	3.1	9.0	1.6	3.1	100
2009	产量（吨）	11 009	5 375	996	3 744	717	406	1 044	23 291
	比例（％）	47.3	23.1	4.3	16.1	1.7	4.5	100	
2010	产量（吨）	16 488	6 213	2 265	1 513	1 073	829	2 433	30 814
	比例（％）	53.5	20.2	7.4	4.9	3.5	2.7	7.9	100
2011	产量（吨）	8 686	2 457	1 841	543	347	299	847	15 020
	比例（％）	57.8	16.4	12.3	3.6	2.3	2.0	5.6	100

　　小龙虾已成为我国大众餐桌上的美味佳肴。随着人们生活水平的提高，居民对水产品的消费需求有了更高的要求，小龙虾作为一种新的大众食品，具有营养价值高、味道鲜美等特点，在市场上十分畅销，是目前市场上水产品销量最多的品种之一，已成为广大城乡居民喜爱的菜肴。以小龙虾为特色菜肴的餐馆、排档遍布全国城镇的大街、小巷，尤其在武汉、南京、上海、北京、常州、无锡、苏州、合肥等大中城市，年均消费量多在万吨以上，其中以麻辣为特色的油焖大虾吃法更是风靡全国，潜江的"油焖大虾"已被列入"中国名菜"。

　　经过10余年的探索、创新和发展，小龙虾产业发展十分迅猛。以湖北潜江为代表的许多地方，已形成集科研示范、良种选育、苗种繁殖、健康养殖、加工出口、餐饮服务、冷链物流、精深加工等于一体的小龙虾产业化格局，产业链条十分完整，成为长江流域地方农业经济的支柱产业、特色产业。

　　湖北潜江通过发展稻田综合种养，打造出稻田综合种养升级版"华山模式"，推动了城乡一体化发展，推进了农业现代化的进程。潜江市华山水产公司依托"虾稻共作"模式，推进土地规模流转，带动潜江市熊口镇村民种稻养虾致富、迁村腾地建镇，实现了地增多、粮增产、田增效，农民增收、集体增利、企业增效，使农村变成了新城镇、农民转为了新市民，实现了传统农业向农业现代化的跨越。

　　稻田综合种养从单纯的农业技术模式升华为集"生态循环农业、农业经营体制机制创新、农村社会管理"于一体的"华山模式"。该模式探索出一套"企业＋集体＋农户"合作共赢的经营体系和"产城互动"的城镇化路径，被誉为推进农业现代化、农村城镇化的成功典范。

　　由于国内外市场的刚性需求，近几年，小龙虾的价格不断攀升，远远超过了传统鱼类的市场价格。小龙虾产业具有极佳的经济效益和广阔的发展前景，是一个发家致富的好产业。现在，除了广大种养大户和合作组织从业外，许多工商资本也进军到小龙虾产业。

8. 小龙虾无公害养殖的要求有哪些？

　　小龙虾无公害养殖是指对整个小龙虾养殖过程实行严格的监管，

即实行从小龙虾苗种到消费者餐桌的全程监控，确保养殖生产在良好的生态环境下进行；同时，生产过程中使用的饲料、肥料、药物等产品要符合国家标准的要求，产品不受农药、重金属等有毒有害物质的污染，或控制在安全允许的范围内。

小龙虾无公害养殖是无公害食品生产的一个组成部分，最终目的是保障水产品的质量卫生安全，满足人们健康需要，避免生产过程对环境造成污染和破坏，禁止以牺牲环境为代价换取经济效益，做到当前利益和长远利益协调统一，把社会效益、经济效益、生态效益放在同等重要的位置，实现可持续发展。

无公害水产品是指经省级及省级以上农业行政主管部门认证合格的，并允许使用无公害水产品标志的产品。其认证的主要内容是，产品是否被污染，农药和重金属是否超过国家规定的标准，是否符合农业部《无公害食品　水产品中有毒有害物质限量》（NY 5073—2006）标准。无公害产地由省一级农业主管部门认定，无公害产品则由国家农业主管部门认定。与无公害产品相关联的绿色食品和有机食品，3种食品的认定机构各不相同，绿色食品的认证机构是中国绿色食品发展中心；而有机食品是一个外来词，又称有机农业产品，是指来自于有机农业生产体系的食品，有机农业是指在生产过程中不使用人工合成的肥料、农药、生长调节剂和饲料添加剂的可持续发展的农业，它强调加强自然生命的良性循环和生物多样性。有机食品认证机构是国家有机食品发展中心，通过它认证食品的生产、加工、储存、运输和销售点等环节均符合有机食品的标准，无公害食品、绿色食品和有机食品都属于农产品质量安全范畴，都是农产品质量安全认证体系的组成部分。无公害食品保证人们对食品质量安全最基本的需要，是最基本的市场准入条件；绿色食品达到了发达国家的先进标准，满足人们对食品质量安全更高的需求；有机食品则是一个更高的层次。

9. 小龙虾无公害养殖环境条件有哪些？

小龙虾广泛分布于各类水体，尤以静水沟渠、浅水湖泊和池塘中较多，说明该虾对水体的富营养化及低氧有较强的适应性。一般水体溶氧量保持在 3 毫克/升以上，即可满足其生长所需。当水体溶氧不足时，该虾常攀援到水体表层呼吸或借助于水体中的杂草、树枝、石块等物，将身体偏转使一侧鳃腔在水体表面呼吸，甚至爬上陆地借助空气中的氧气呼吸。在阴暗、潮湿的环境条件下，该虾离开水体能活 1 周以上。

小龙虾对高水温或低水温都有较强的适应性，这与它的分布地域跨越热带、亚热带和温带是一致的。小龙虾对重金属和某些农药如敌百虫、菊酯类杀虫剂非常敏感，因此养殖水体应符合国家颁布的渔业水质标准和无公害食品淡水水质标准。如果用地下水养殖小龙虾，必须事前对地下水进行检测，以免重金属含量过高，影响小龙虾的生长发育。

水体是小龙虾赖以生存的条件，小龙虾的生长发育和繁殖与周围环境关系极为密切，它既受周围环境的制约，同时又影响周围的环境。具体环境要素分述如下：

(1) 水温 小龙虾是广温性水生动物，其水温适应范围为 0～37℃，生长适直水温为 18～31℃，最适生长水温为 22～30℃，受精卵孵化和幼体发育水温在 24～28℃为好。当水温下降至 10℃以下时，小龙虾即停止摄食，钻入洞穴中越冬。夏天水温超过 35℃时，小龙虾摄食量下降，在自然环境中会钻入洞底低温处蛰伏。长时间高温会导致其死亡，故要采取遮阴降温措施。

(2) 溶氧 氧气是各种动物赖以生存的必要条件之一，水生生物的呼吸作用主要靠水中的溶解氧气。在养殖水体中，溶氧的主要来源是水中浮游植物的光合作用，约占 90%。在虾池中保持浮游植物有一定的肥度，对提高水体中的溶氧有较大的作用。小龙虾头胸甲中的鳃很发达，只要保持湿润就可以进行呼吸，有很强的利用空气中氧气的能力，养殖水体中短时间缺氧，一般不会导致小龙虾死亡。因此，小龙虾的生存对水中溶氧量的要求没有其他鱼类高，但生长要求却较高，水体溶氧量要保持在 3 毫克/升以上，小龙虾才可以正常生长。

(3) 有机物质 在养殖水体中，有机物质的作用也是不可忽视的。其主要来源有光合作用产物、浮游植物的细胞外产物、水生动物的代谢产物、生物残骸和微生物。水中有机物的存在对小龙虾有积极作用，因为它可作为小龙虾的饲料生物。但数量过多则会破坏水质，影响小龙虾的生长。适宜的有机物耗氧量是20～40毫克/升；如果超过50毫克/升，对小龙虾就有害无益了，此时，应更换新水，改善水质。

（4）有害物质控制　养殖水体中有毒物质的来源有两类：一类是由外界污染引起的，另一类是由水体内部物质循环失调生成并累积的毒物，如硫化氢和氨、亚硝酸盐等含氮物质。池塘中氮的主要来源是人工投喂的饲料。小龙虾摄食饲料消化后的排泄物，可作为氮肥促进浮游植物的生长，并由此带来水中溶氧的增加。适量的铵态氮是有益的营养盐类，但过多则阻碍小龙虾的生命活动，它具有抑制小龙虾自身生长的作用。特别是有机物质大量存在时，异养细菌分解产生的氨和亚硝化细菌作用产生的亚硝酸盐都有可能引起小龙虾中毒。

池塘中氮的存在形式有：氮气（N_2）、游离氨（NH_3）、离子铵（NH_4^+）、亚硝酸盐（NO_2^-）、硝酸盐（NO_3^-）、有机氮。引起小龙虾中毒的含氮物质有两种形式：游离氨（NH_3）和亚硝酸盐（NO_2^-）。

游离氨来自小龙虾的排泄物和细菌的分解作用。水体中的游离氨和离子铵建立平衡关系（$NH_3 + H^+ \rightleftharpoons NH_4^+$），平衡状态取决于当时水体的温度、pH及无机盐含量。水中游离氨增加时，直接抑制虾体新陈代谢所产生氨的排出，从而引起氨毒害。水体温度、pH升高时，具有毒性的游离氨含量增加，特别是晴天下午pH因光合作用升高到9.0以上时，总氨氮含量达到0.2～0.5毫克/升就可使小龙虾产生应激反应，达1.0～1.5毫克/升就会致死。

水域中低浓度的亚硝酸盐就使小龙虾中毒，亚硝酸盐能促使血液中的血红蛋白转化为高铁血红蛋白，高铁血红蛋白不能与氧结合，造成血液输送氧气的能力下降，即使含氧丰富的水体，小龙虾仍表现出缺氧的应激症状。处于应激状态的小龙虾，易交叉感染细菌性疾病，不久便会出现大批死亡。

硫化氢是水体中厌氧分解的产物，对水生生物有极高的毒性，危害甚大，有明显的刺激性臭味，一经发现养虾水体水质败坏，应立即换水以增加氧气，全池泼洒水质解毒保护剂以降解其毒性。

(5) 土壤与底泥 用来建造虾池的土壤以壤土或黏土为好，不易渗水，可保水节能，还有利于小龙虾挖洞穴居，避免使用沙土。

小龙虾营底栖生活，淤泥过多或过少都会影响其生长。淤泥过多，有机物大量耗氧，使底层水长时间缺氧，容易导致病害发生；淤泥过少，则起不到供肥、保肥、提供饵料和改善水质的作用。一般说来，池底淤泥厚度保持在 15～20 厘米，有利于小龙虾的健康生长。

(6) 微藻类 科学研究证明，小龙虾机体虾青素含量与其抵御外界恶劣环境的能力成正相关，也就说机体虾青素含量越高，其抵御外界恶劣环境的能力就越强。枣红颜色的小龙虾肌体中天然虾青素的含量是对虾的数倍。所以，深红色的小龙虾可以在污浊的淤泥中生存繁殖，而淡红色的对虾即便在清澈的水体中也不易存活。小龙虾自身无法产生虾青素，主要是通过食物链—食用微藻类等获取到虾青素，并在体内不断积累产生抗氧化能力。虾青素能有效增强小龙虾的抵抗恶劣环境的能力及提高繁殖能力。所以，虾青素是小龙虾如此顽强生命力的强有力保障，当小龙虾在缺少这些含有虾青素微藻的环境中反倒难以生存。

10. 什么是虾青素?

虾青素（Astaxanthin，又称变胞藻黄素或虾红素），是从河螯虾外壳、牡蛎、鲑、藻类中发现的一种红色类胡萝卜素，化学名称是 3,3'-二羟基-4,4'-二酮基-β,β'-胡萝卜素，在体内可与蛋白质结合而呈青、蓝色。虾青素的抗氧化能力强，为维生素 E 的 550 倍、β-胡萝卜素的 10 倍。因此，虾青素被包装为保健食品在市场发售，有抗氧化、抗衰老、抗肿瘤、预防心脑血管疾病作用。

自然界中，虾青素是由藻类、细菌和浮游植物产生的。一些水生物种，包括虾、蟹在内的甲壳类动物都食用这些藻类和浮游生物，然后把这种色素储存在壳中，于是它们的外表呈现红色。这些贝壳类动物又被鱼（鲑鳟、鲷）和鸟（火烈鸟）捕食，然后把色素储存在皮肤和脂肪组织中。这就是三文鱼和其他一些动物呈现红色的原因。

天然虾青素是迄今为止人类发现自然界最强的抗氧化剂之一。

11.　天然虾青素的生物来源有哪些？

目前，天然虾青素的生物来源一般有3种：水产品加工工业的废弃物、红发夫酵母（*Phaffia rhodozyma*）和微藻（雨生红球藻）。其中，废弃物中虾青素含量较低，且提取费用较高，不适于进行大规模生产。天然的红发夫酵母中虾青素平均含量也仅为0.40%。相比之下，雨生红球藻中虾青素含量为1.5%～3.0%，被看作天然虾青素的"浓缩品"。

大量研究表明雨生红球藻对虾青素的积累速率和生产总量较其他绿藻高，而且雨生红球藻所含虾青素及其酯类的配比（约70%的单酯，25%的双酯及5%的单体）与水产养殖动物自身配比极为相似，这是通过化学合成和利用红发夫酵母等提取的虾青素所不具备的优势。此外，雨生红球藻中虾青素的结构以3S—3'S型为主，与鲑等水产生物体内虾青素结构基本一致；而红发夫酵母中虾青素结构则为3R—3R型。

当前，雨生红球藻被公认为自然界中生产天然虾青素的最好生物。因此，利用这种微藻提取虾青素无疑具有广阔的发展前景，已成为近年来国际上天然虾青素生产的研究热点。

12.　微藻是什么？

微藻是一类在陆地、海洋分布广泛，营养丰富、光合利用度高的自养植物，属于低等水生植物，每个微藻平均大约只有5微米（彩图1）。微藻可作为动物饵料。

微藻种类繁多，通常是指含有叶绿素A并能进行光合作用的微生物的总称。截至21世纪初，已发现的藻类有3万余种，其中微小类群就占了70%，即2万余种。但是，限于不同藻类对生存环境的需求，并不是所有的微藻都能用于人工培养，2012年，有大量培养或生产的微藻分属于4个藻门：蓝藻门、绿藻门、金藻门和红藻门。

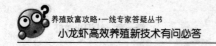

藻类个体大小悬殊，其中，只有在显微镜下才能分辨其形态的微小藻类类群被人们称为微藻（Microalgae），故此微藻不是一个分类学上的名称。

13. 微藻成分有哪些?

微藻成分：微藻细胞中含有蛋白质、脂类、藻多糖、β-胡萝卜素、多种无机元素，如 Cu、Fe、Se、Mn、Zn 等高价值的营养成分和化工原料。

（1）蛋白质 微藻的蛋白质含量很高，粗蛋白含量超过 60%，生物学产量高于任何作物，是单细胞蛋白的一个重要来源。

（2）多种维生素 微藻所含的维生素 A、维生素 E、硫胺素、核黄素、吡多醇、维生素 B_{12}、维生素 C、生物素、肌醇、叶酸、泛酸钙和烟酸等增加了其作为单细胞蛋白的价值。

（3）胡萝卜素 微藻中类胡萝卜素含量较高，藻粉中 β-胡萝卜素含量高达 14%，具有着色和营养的作用。

（4）甘油 藻细胞中甘油含量较高，是优质的化妆品原料，也是化工、轻工和医药工业中用途极广的有机中间体。

（5）藻多糖 藻多糖复合物可作为免疫佐剂增强抗原性和机体免疫功能，明显抑制实体瘤 S180 起到抗肿瘤的作用。

14. 微藻有哪些特点?

与其他生物相比，微藻具有如下特点（彩图 2）：

（1）最低等的、自养的放氧植物。

（2）单细胞结构，呈群体或丝状，大多数是浮游藻类。

（3）种类繁多、分布极其广泛的一个类群。

（4）在海洋、淡水湖泊等水域，或是潮湿的土壤、树干等处，在有光及潮湿的任何地方都能生存。

（5）生长周期短（几天）。

（6）微藻可直接利用阳光、二氧化碳和含氮、磷等元素的简单营养物质快速生长，并在细胞内合成大量油脂，含量可达细胞干重的 30%～70%，其中生长快的微藻藻种通常含油量为 10%～20%，含油量大于 60% 的藻种则生长速度较慢。

（7）微藻细胞小、细胞壁大多坚硬。

（8）对水有净化作用。

（9）可作为动物饵料：通过人工培养微藻，用作浮游动物的饵料，可成功地饲养鱼类。

我们可以尝试通过调控养殖小龙虾水体的藻相，为小龙虾提供其食物链中所必需的微藻，使其从中获得必要的虾青素，提高其免疫力，控制其病害的发生。

15. 小龙虾长什么样子?

淡水小龙虾整个身体由头胸部和腹部共 20 节组成，除尾节无附肢外共有附肢 19 对，体表具有坚硬的甲壳。小龙虾头部 5 节，胸部 8 节，头部和胸部愈合成一个整体，称为头胸部。头胸部圆筒形，前端有一额角，三角形。额角表面中部凹陷，两侧隆脊，尖端锐刺状。头胸甲中部有一弧形颈沟，两侧具粗糙颗粒。腹部共有 7 节，其后端有一扁平的尾节与第六腹节的附肢共同组成尾扇。胸足 5 对，第一对呈螯状，粗大。第二、第三对钳状，后两对爪状。腹足 6 对，雌性第一对腹足退化，雄性前两对腹足演变成钙质交接器。各对附肢具有各自的功能。淡水小龙虾性成熟个体暗红色或深红色，未成熟个体淡褐色、黄褐色、红褐色不等，有时还见蓝色。常见个体为全长 4.0～12.0 厘米，世界上采集到的最大个体全长 16.0 厘米，产于非洲的肯尼亚（彩图 3）。

淡水小龙虾属节肢动物门，体内无脊椎，整个体内分为消化系统、呼吸系统、循环系统、排泄系统、神经系统、生殖系统、肌肉运动系统、内分泌系统八大部分。

消化系统：淡水小龙虾的消化系统包括口、食管、胃、肠、肝胰脏、直肠、肛门。口开于两大颚之间，后接食管。食管为一短管，后接胃。胃分为贲门胃和幽门胃，贲门胃的胃壁上有钙质齿组成的胃磨，幽门胃的内壁有许多刚毛。胃囊内，胃外两侧各有一个白色或淡黄色，半圆形的，纽扣状的钙质磨石，蜕壳前期和蜕壳期较大，蜕壳间期较小，起着钙质的调节作用。胃后是肠，肠的前段两侧各有一个黄色的分支状的肝胰脏，肝胰脏有肝管与肠相通。肠的后段细长，位于腹部的背面，其末端为球形的直肠，通肛门，肛门开口于尾节的腹面。

呼吸系统：淡水小龙虾的呼吸系统包括17对鳃，在鳃腔内。其中7对鳃较粗大，与后两对颚足和五对胸足的基部相连，鳃为三棱形，每棱密布排列许多细小的鳃丝。其他10对鳃细小，薄片状，与鳃壁相连。淡水小龙虾呼吸时，颚足激动水流进入鳃腔，水流经过鳃完成气体交换。

循环系统：淡水小龙虾的循环系统包括心脏、血液和血管，是一种开管式循环。心脏在头胸部背面的围心窦中，为半透明，多角形的肌肉囊，有三对心孔，心孔内有防止血液倒流的瓣膜。血管细小，透明。由心脏前行有动脉血管5条，由心脏后行有腹上动脉1条，由心脏下行有胸动脉2条。血液是体液，为一种透明、非红色的液体。

排泄系统：在头部大触角基部内部有一对绿色腺体，腺体后有一膀胱，由排泄管通向大触角基部，并开口于体外。

神经系统：淡水小龙虾的神经系统包括神经节、神经和神经索。神经节主要有脑神经节、食管下神经节等，神经则是连接神经节通向全身。现代研究证实，淡水小龙虾的脑神经干及神经节能够分泌多种神经激素，这些神经激素起着调控淡水小龙虾的生长、蜕皮及生殖生理过程。

生殖系统：淡水小龙虾雌雄异体，其雄性生殖系统包括精巢1对，输精管1对及位于第五胸足基部的1对生殖突。其雌性生殖系统包括卵巢1对，输卵管1对，输卵管通向第三对胸足基部的生殖孔。雄性小龙虾的交接器及雌性小龙虾的贮精囊虽不属于生殖系统，但在淡水小龙虾的生殖过程中起着非常重要的作用。

肌肉运动系统：淡水小龙虾的肌肉运动系统由肌肉和甲壳组成，甲壳又被称为外骨骼，起着支撑作用，在肌肉的牵动下起着运动的功能。

内分泌系统：目前在许多资料中并没有提及淡水小龙虾有内分泌系统，但实际上淡水小龙虾是存在内分泌系统的，只不过它的许多内分泌腺往往与其他结构组合在一起。如上面提到的与脑神经节结合在一起的细胞能合成和分泌神经激素；还有淡水小龙虾的眼柄，现代研究证明具有可以分泌抑制小龙虾蜕皮和性腺发育的激素；还有小龙虾的大颚，现代研究也证明能合成一种化学物质——甲基法尼酯，该物质也起着调控淡水小龙虾精、卵细胞蛋白的合成和性腺的发育。

16. 小龙虾喜欢居住在哪些地方？

淡水小龙虾栖息在湖泊、河流、水库、沼泽、池塘及沟渠中，有时也见于稻田。但在食物较为丰富的静水沟渠、池塘和浅水草型湖泊中较多，栖息地多为土质，特别是腐殖质较多的泥质，有较多水草、树根或石块等隐蔽物。栖息地水体水位较为稳定的，则该处小龙虾分布较多。

17. 小龙虾喜欢生活在哪些地方？

小龙虾的生命力很强，在自然条件下，不论是在江河、湖泊、水库、沟渠、塘堰、稻田、池塘等水源充足的环境中，还是在沼泽、湿地等少水的陆地，只要没有受到严重污染，小龙虾就能生存和繁衍，形成自己的种群。小龙虾对水环境要求不高，在 pH 为 5.8～8.2、温度为 0～37℃、溶氧量不低于 1.5 毫克/升的水体中都能生存，在我国大部分地区都能自然越冬。最适宜小龙虾生长的水体 pH 为 7.5～8.2，溶氧量为 3 毫克/升，水温为 22～30℃。

小龙虾对自然生长或人工养殖水域的大小、深浅和肥瘦要求不严。它利用空气中氧气的本领很高，离开水体之后只要保持湿润，还可以安然存活 2～3 天。但在人工养殖过程中，小龙虾在水质清新、高溶氧的条件下，摄食旺盛、生长快、病害少；当水体中溶氧低于 2.5 毫克/升时，小龙虾的摄食量减少；当溶氧低于 1 毫克/升时，小龙虾就会停食或将身体露出水面觅食。

小龙虾营底栖生活，淤泥过多或过少都会影响其生长。淤泥过多，有机物大量耗氧，使底层水长时间缺氧，容易导致病害发生；淤泥过少，则起不到供肥、保肥、提供饵料和改善水质的作用。一般说来，池底淤泥厚度保持在15~20厘米，有利于小龙虾的健康生长。

用来养虾稻田的土壤以壤土或黏土为好，不易渗水，可保水节能，还有利于小龙虾挖洞穴居，沙土田不宜养虾。

18. 小龙虾为什么要打洞？

小龙虾喜欢打洞穴居，且一般为雌雄同居。其洞穴一般笔直向下或稍倾斜。夏季，小龙虾为了避暑需要打洞，其洞穴深度一般为30厘米左右；秋季，小龙虾为了繁育后代需要打洞，其洞穴深度一般为50厘米左右；冬季，小龙虾为了生存越冬需要打洞，其洞穴深度一般为80~100厘米。

小龙虾掘洞时间多在夜间，可持续掘洞6~8小时，成虾一夜掘洞深度可达40厘米，幼虾可达25厘米。成虾的洞穴深度大部分在50~80厘米，少部分可达80~150厘米；幼虾洞穴的深度在10~25厘米；体长1.2厘米的稚虾已经具备掘洞能力，洞穴深度为10~20厘米。洞穴分为简单洞穴和复杂洞穴两种：85%的洞穴是简单的，只有一条隧道，位于水面上或水面下10厘米；15%较复杂，有2条以上的隧道，位于水面上20厘米处。繁殖季节每个洞穴中一般有1~2只虾，但冬季也发现一个洞中有3~5只虾。小龙虾在繁殖季节的掘洞强度增大，在寒冷的冬季和初春，掘洞强度微弱。

小龙虾白天入洞潜伏或守在洞口，夜间出洞活动；春季喜欢活动在浅水中，夏季喜欢活动在较深一点的水域，秋季喜欢在有水的堤边、坡边、埂边和曾经有水、秋天干涸的湿润地带营造洞穴，冬季喜欢藏身于洞穴深处越冬。

19. 小龙虾一年打几次洞？

根据年气温决定小龙虾一年的打洞次数，一般为3次。夏季，当水温上升到 33℃ 以上时，小龙虾进入半摄食或打洞越夏状态；秋季，当水温在 25℃ 左右时，小龙虾进入繁殖打洞状态；冬季，当水温下降到 15℃ 以下时，小龙虾进入越冬打洞状态。

20. 小龙虾为什么会迁徙？

从生活习性来看，小龙虾是介于水栖动物和两栖动物之间的一种动物，能适应恶劣的环境。它利用空气中的氧气的本领很高，离开水体之后只要保持身体湿润，它可以安然存活 2～3 天。当遇陡降暴雨天气时，小龙虾喜欢集群到流水处活动，并趁雨夜上岸寻找食物和转移到新的栖息地；当水中溶氧量降至 1 毫克/升时，它也会离开水面爬上岸或侧卧在水面上进行特殊呼吸。

21. 小龙虾为什么会相互格斗？

小龙虾严重饥饿时，会以强凌弱、相互格斗，出现弱肉强食，但在食物比较充足时，能和睦相处。另外，如果放养密度过大、隐蔽物不足、雌雄比例失调、饲料营养不全时，也会出现相互残杀，最终以各自螯足有无决胜负。

22. 小龙虾为什么会喜温怕寒？

小龙虾属变温动物，喜温暖、怕炎热、畏寒冷，适宜水温 18～31℃，最适水温为 22～30℃。当水温上升到 33℃ 以上时，小龙虾进入半摄食或打洞越夏状态；当水温下降到 15℃ 以下时，小龙虾进入不摄食的打洞状态；当水温下降到 10℃ 以下时，小龙虾进入不摄食的越冬状态。

23. 小龙虾为什么会避光？

小龙虾喜温怕光，有明显的昼夜垂直移动现象，光线强烈时即沉入水体或躲避到洞穴中，光线微弱或黑暗时开始活动，通常抱住水体中的水草或悬浮物将身体侧卧于水面。

24. 小龙虾对哪些药物敏感?

小龙虾对目前广泛使用的农药和渔药反应敏感，其耐药能力比鱼类要差得多，对有机磷农药，超过 0.7 克/米³ 就会中毒，对于除虫菊酯类渔药或农药，只要水体中有药物含量，就有可能导致其中毒甚至死亡。对于漂白粉、生石灰等消毒药物，如果剂量偏大，也会导致小龙虾中毒。而对植物酮和茶碱则不敏感，如鱼藤精、茶饼汁等。

25. 小龙虾喜欢吃什么?

小龙虾食性最广，只要能咬动的东西它就可以吃。植物类如豆类、谷类、各种渣类、蔬菜类、各种水生植物、陆生草类都是它的食物；动物类如水生浮游动物；底栖动物、鱼、虾、动物内脏、蚕蛹、蚯蚓、蝇蛆等都是它喜爱的食物，并且也喜爱人工配合饲料。在水温 20~28℃时，小龙虾摄食率会发生较大变化（表 1-3）。

表 1-3　小龙虾对各种食物的摄食率

种类	名称	摄食率（%）
植物	竹叶眼子菜	3.2
	竹叶菜	2.6
	水花生	1.1
	苏丹草	0.7
动物	水蚯蚓	14.8
	鱼肉	4.9
饲料	配合饲料	2.8
	豆饼	1.2

研究表明，在自然条件下，小龙虾主要摄食竹叶眼子菜、轮叶黑藻等大型水生植物，其次是有机碎屑，同时还有少量的丝状藻类、浮

游藻类、浮游动物、水生寡毛类、轮虫、摇蚊幼虫和其他水生动物的
残体等，克氏原螯虾的食物组成、出现频率和重量百分比见表1-4。

表1-4 克氏原螯虾的食物组成、出现频率和重量百分比

食物类群	典型食物	出现个数（个）	出现频率（%）	重量百分比（%）
水生植物	竹叶眼子菜、黑藻	180	100	85.6
有机碎屑	植物碎屑、无法鉴别种类	180	100	10
藻类	丝状藻类、硅藻、小球藻	100	55.6	
浮游动物	桡足类、枝角类	10	5.5	
轮虫	臂尾轮虫、三肢轮虫	2	1.1	4.4
水生昆虫	摇蚊幼虫	18	10	
水生寡毛类	水蚯蚓	5	2.8	
虾类	克氏原螯虾残体	5	4.4	

　　食物种类随体长变化有差异，虽然各种体长的虾全年都以大型水
生植物为主要食物，但中小体型小龙虾摄食浮游动物、昆虫及幼虫的
量要高于较大规格的小龙虾，这就是要在养殖水体中种植水生植物的
一个重要原因。不同体长的小龙虾所摄取的食物种类有较大的区别，
通过镜检观察，其食物出现的频率是不同的，不同体长的小龙虾的食
物组成及出现频率见表1-5。

表1-5 不同体长的小龙虾的食物组成及其出现频率

样本数	体长（厘米）	出现频率（%）							
		大型水生植物	有机碎屑	藻类	浮游动物	轮虫	水生昆虫	水生寡毛类	虾类
15	3.0～4.0	100	100	86.7	40.0	13.3	20.0	0.0	0.0
26	4.0～5.0	100	100	53.8	11.5	0.0	19.2	3.8	0.0
30	5.0～6.0	100	100	66.7	3.3	0.0	10.0	6.7	0.0
60	6.0～7.0	100	100	70.0	0.0	0.0	3.3	1.7	3.3
25	7.0～8.0	100	100	40.0	0.0	0.0	0.0	8.0	8.0
12	8.0～9.0	100	100	50.0	0.0	0.0	0.0	0.0	8.3
9	9.0～10.0	100	100	33.0	0.0	0.0	0.0	0.0	0.0
3	10.0～10.6	100	100	66.7	0.0	0.0	0.0	0.0	0.0

在人工饲养的条件下，动物屠宰后下脚料是饲养小龙虾最廉价和适宜的动物性饲料，尤其是猪肝加蚌壳粉喂小龙虾最利于其蜕壳与生长。

26. 小龙虾怎样吃东西？

小龙虾的摄食方式是用螯足捕获大型食物，撕碎后再递给第二、第三对步足抱食，小型食物则是直接用第二、第三对步足抱住啃咬。小龙虾摄食能力较强，有贪食和争食习性，饲料匮乏或群体过大时，也会发生相互残杀现象，硬壳虾捕食蜕壳虾或软壳虾尤其明显。小龙虾一般在傍晚或黎明觅食，经人工驯化，可改在白天觅食。其耐饥饿能力较强，10天不进食仍能正常生活。摄食的最适温度是20~30℃，水温低于15℃或高于33℃，摄食量明显减少，甚至停食。

27. 小龙虾的寿命有多长？

小龙虾雄虾的寿命一般为20个月，雌虾的寿命为24个月。因此，在开展人工繁殖时，应尽可能选择1龄虾作为亲本。

小龙虾的生活史比较简单，雌雄亲虾交配后，雌虾将精液保存在储精囊内，待卵细胞发育成熟后，排卵时释放精液，完成受精过程，并结合成为受精卵。受精卵和蚤状幼体都由雌虾完成孵化并独立保护。幼体经历3次蜕壳后长成幼虾被雌虾释放出来，开始自由生活，经过数次蜕壳，生长为成虾，一部分食用虾上市，另一部分成虾继续发育为亲虾，即完成一个生命周期。

28. 小龙虾蜕壳需要哪些条件？

小龙虾蜕壳是它生长、发育、增重和繁殖的重要标志，每蜕一次壳，它的身体就长大一次，蜕壳一般在洞内或草丛中进行，蜕壳后，其身体柔软无力，这时是小龙虾最易受到攻击的时期，蜕壳后的新壳需要12~24h才能硬化。

小龙虾幼体阶段一般2～4天蜕壳一次，幼体经3次蜕壳后进入幼虾阶段。在幼虾阶段，每5～8天蜕壳一次；在成虾阶段，一般8～15天蜕壳一次。小龙虾从幼体阶段到商品虾养成需要蜕壳11～12次。小龙虾与其他甲壳动物一样，必须蜕掉体表的甲壳才能完成其突变性生长。在长江流域，9月中旬脱离母体的幼虾平均全长1厘米，平均重0.04克，年底最大个体可达7.4厘米，重12.24克。在稻田或池塘中养殖到第二年的5月份，平均全长可达10.2厘米，平均重可达34.51克。

小龙虾的蜕壳与水温、营养及个体发育阶段密切相关。水温高、食物充足、发育阶段早，则蜕壳间隔短。性成熟的雌、雄虾一般1年蜕壳1～2次。据测量全长8～11厘米的小龙虾每蜕1次壳，全长可增长1.3厘米。小龙虾的蜕壳多发生在夜晚，人工养殖条件下，有时白天也可见其蜕壳，但较为少见。根据小龙虾的活动及摄食情况，其蜕壳周期可分为蜕壳间期、蜕壳前期、蜕壳期和蜕壳后期4个阶段。蜕壳间期小龙虾摄食旺盛，甲壳逐渐变硬；蜕壳前期从小龙虾停止摄食起至开始蜕壳止，这一阶段是小龙虾为蜕壳做准备，小龙虾停止摄食，甲壳里的钙向体内的钙石转移，使钙石变大，甲壳变薄、变软，并且与内皮质层分离；蜕壳期是从小龙虾侧卧蜕壳开始至甲壳完全蜕掉为止，这一阶段持续时间几分钟至十几分钟不等，我们观察到的大多在5～10分钟，时间过长则小龙虾易死亡；蜕壳后期是从小龙虾蜕壳后至开始摄食止，这个阶段是小龙虾甲壳的皮质层向甲壳演变的过程，水分从皮质层进入体内，身体增重、增大，体内钙石的钙向皮质层转移，皮质层变硬、变厚，成为甲壳，体内钙石最后变得很小。

29. 小龙虾在自然环境中的性别比是多少？

对自然状态下小龙虾性别比的调查结果表明，在不同的体长阶段小龙虾的雌雄比例也不同，在全长3.0～8.0厘米和8.1～13.5厘米两种规格组中都是雌性多于雄性。小规格组雌性占总体的51.5%，雄性占48.5%，雌雄比例为1.06：1。大规格组雌性占总体的55.9%，雄性占44.1%，雌雄比例为1.17：1。大规格组雌性明显多于雄性的原因，是在它们交配之后雄性体能消耗过大，体质下降，易导致死亡，雄性个体越大，死亡率越高，说明雄性寿命比雌性要短。

30. 小龙虾的产卵类型怎样？

小龙虾隔年达到性成熟，9月离开母体的幼虾到第二年的7—8月即可性成熟产卵。从幼体到性成熟，小龙虾要进行11次以上的蜕壳。其中幼体阶段蜕壳2次，幼虾阶段蜕壳9次以上。

小龙虾为秋季产卵类型，1年产卵1次，交配季节一般在5—9月份。

31. 小龙虾的产卵量有多大？

小龙虾雌虾的产卵量随个体长度的增长而增大，小龙虾全长与产卵量的关系见表1-6。全长10.0～11.9厘米的雌虾，平均抱卵量为237粒。采集到的最大产卵个体全长14.26厘米，产卵397粒，最小产卵个体全长6.4厘米，产卵32粒。人工饲养条件下的雌虾产卵量一般比从天然水域中采集的抱卵雌虾产卵量要多。

表1-6 小龙虾全长与产卵量的关系

全长（厘米）	7.65～7.99	8.00～9.99	10.00～11.99	12.00～13.99	14.00～14.26
平均产卵量（粒）	71	142	237	318	385

32. 小龙虾的交配方式有什么特点？

自然状态下，每1尾雄虾可先后与2尾以上的雌虾交配，交配时，雄虾用螯足钳住雌虾的螯足，用步足抱住雌虾，将雌虾翻转，侧卧。雄虾的钙质交接器与雌虾储精囊连接，雄虾的精荚顺着交接器进入雌虾的储精囊。交配后，短则1周，长则1个多月雌虾即可产卵。雌虾从第三对步足基部的生殖孔排卵并随卵排出较多蛋清状胶质，将卵包裹，卵经过储精囊时，胶质状物质促使储精囊内的精荚释放出精子，使卵受精。最后胶质状物质包裹着受精卵到达雌虾的腹部，受精卵黏附在雌虾的腹足上，腹足不停地摆动以保证受精卵孵化时所必需的溶氧供应。

小龙虾的交配时间随着密度的多少和水温的高低而长短不一，短的只有几分钟，长的则有1个多小时。在密度比较小时，小龙虾交配的时间较短，一般为30分钟；在密度比较大时，小龙虾交配的时间相对较长，交配时间最长为72分钟。交配的最低水温为18℃。

小龙虾在自然条件下，5—9月份为交配季节，其中6—8月份为高峰期。由于小龙虾不是交配后马上就产卵，而是交配后，要等7～30天的时间才产卵。在人工放养的水族箱中，成熟的小龙虾只要是在水温合适的情况下都会交配，但产卵的虾较少且产卵时间较晚。在自然状况下，雌雄亲虾交配之前，就开始掘洞筑穴，雌虾产卵和受精卵孵化过程多数在洞穴中完成。

33. 小龙虾受精卵的孵化是怎样的？

孵化期与温度有关，水温为7℃，孵化时间为150天；水温为15℃，孵化时间为46天；水温为20～22℃，孵化时间为20～25天；水温为24～26℃，孵化时间为14～15天；水温为24～28℃，孵化时间为12～15天。如果水温太低，受精卵的孵化可能需数月之久。这就是人们在第二年3—5月份仍可见到抱卵虾的原因。有些人在5月观察到抱卵虾，就据此认为小龙虾是春季产卵或1年产卵2次，这是错误的。刚孵化出的幼体长5～6毫米，靠卵黄囊提供营养，几天后蜕壳发育成Ⅱ期幼体。Ⅱ期幼体长6～7毫米，附肢发育较好，额角弯曲在两眼之间，其形状与成虾相似。Ⅱ期幼体附着在母体腹部，能摄食母体呼吸水流时带来的微生物和浮游生物，当离开母体后可以站立，但仅能微弱行走，也仅能短距离的游回母体腹部。在Ⅰ期幼体和Ⅱ期幼体时期，若此时惊扰雌虾，会造成雌虾与幼体分离较远，幼体不能回到雌虾腹部而死亡。Ⅱ期幼体几天后蜕壳发育成仔虾，全长9～10毫米。此时仔虾仍附着在母体腹部，形状几乎与成虾完全一致，对母体也有很大的依赖性并随母体离开洞穴进入开放水体成为幼虾。

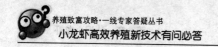
在 24～28℃的水温条件下，小龙虾幼体发育阶段需 12～15 天。

34. 小龙虾的生长有什么特点？

小龙虾从受精卵开始，经发育变态脱膜成仔虾，再到幼虾、成虾（即性腺发育成熟）一般需 12—24 个月，但在生态环境适宜，饵料充足的情况下，其成熟期可大大提前。

根据小龙虾的不同生长阶段，可以分为四个时期，即分离期（从受精卵到完全离开母体，这一时期需 40～60 天）、幼苗期（经 5～8 次蜕壳，体长达到 2～3 厘米，体重 1～2 克，这一时期需 50～60 天）、硬壳期（这一时期需 2 个月左右）、打洞期（这一时期一般为 2 个月左右）。小龙虾具备打洞的能力，标志其已进入成体阶段。

第二章　小龙虾的苗种繁育

35. 小龙虾的雌雄如何鉴别？

小龙虾雌雄异体，雌雄个体外部特征十分明显，容易区分。雌雄虾特征对照表见表2-1，彩图4、彩图5。

表2-1　雌雄虾特征对照表

特征	雌　虾	雄　虾
体色	颜色暗红或深红，同龄个体小于雄虾	颜色暗红或深红，同龄个体大于雌虾
同龄亲虾个体	小，同规格个体螯足小于雄虾	大，同规格个体螯足大于雌虾
腹肢	第一对腹足退化，第二对腹足为分节的羽状附肢，无交接器	第一、第二对腹足演变成白色、钙质的管状交接器
倒刺	第三、第四对胸足基部无倒刺	成熟的雄虾背上有倒刺，倒刺随季节而变化，春夏交配季节倒刺长出，秋冬季节消失
生殖孔	开口于第三对胸足基部，为一对暗色的小圆孔，胸部腹面有储精囊	开口于第五对胸足基部，为一对肉色、圆锥状的小突起

36. 小龙虾的性腺发育是怎样的？

同规格的小龙虾雌雄个体发育基本同步。一般雌虾个体重20克以上、雄虾个体重25克以上时，其性腺可发育成熟。雌虾卵巢颜色呈深褐色或棕色，雄虾精巢呈白色。在小龙虾的性腺发育过程中，成熟度的不同会带来性腺颜色的变化。通常按性腺成熟度的等级把卵巢发育分为灰白色、黄色、橙色、棕色和褐色等阶段。其中灰白色是幼虾的卵巢，卵粒细小不均匀，不能分离，需进一步发育才能成熟。黄色也是未成熟卵巢，但卵粒分明、较饱满，也不可分离，需再发育1～2个月可完全成熟并开始产卵。若遇低水温，产卵时间会推迟。深褐色的卵巢表明已完全成熟，卵粒饱满均匀，如果用解剖针挑破卵膜，卵粒分离，清晰可见。若在此时雌雄交配，1 周左右即可产卵。常用比较直观的方法是，从亲虾的头胸甲颜色深浅判断其性腺发育好坏，颜色越深表明成熟度越好。

(1) 性成熟系数的周年变化　小龙虾性成熟系数是用来衡量雌虾性成熟程度的指标，通常用小龙虾的卵巢重与其体重（湿重）的百分比来表示，即性成熟系数＝（卵巢重/体重）×100％。在不同的月份采集多个小龙虾个体，并分别测定其当月的性成熟系数，其平均值就是该月的小龙虾群体性成熟系数。通过大量的数据表明，小龙虾群体的性成熟系数在 7—9 月份的繁殖季节逐渐增大，而到 9 月中下旬达到最大值，但产完卵后则又迅速下降，在非繁殖季节性成熟系数则处于低谷。因此，小龙虾的人工繁殖应不误农时。

(2) 卵巢的分期　依据小龙虾卵巢的颜色和大小、饱满程度和滤泡细胞的形状将其分为 7 个时期，小龙虾卵巢发育分期见表 2-2。

表 2-2　小龙虾卵巢发育分期

卵巢发育时期	卵巢外观特征
Ⅰ期（未发育期）	卵巢体积较小，呈细线状，白色透明，看不见卵粒；卵粒间隔较稀疏，卵巢外层的被膜较厚，肉眼可明显分辨
Ⅱ期（发育早期）	卵巢呈细条状，有白色半透明的细小卵粒；卵粒之间间隔紧密，卵膜薄，肉眼可辨，细胞呈椭圆形，卵黄颗粒很小，规格较一致
Ⅲ期（卵黄发生前期）	卵巢呈细棒状，黄色到深黄色；卵粒之间间隔机密，卵膜薄，肉眼不容易分辨；是处于初级卵母细胞大生长期的细胞，细胞之间接触较紧密，呈多角圆形；卵黄颗粒较第二期的大
Ⅳ期（卵黄发生期）	卵巢呈棒状，颜色为深黄色到褐色，比较饱满，肉眼不能分辨卵膜；卵母细胞开始向成熟期过渡，细胞多呈椭圆形；在 10 倍镜下卵黄颗粒较明显，在 40 倍镜下可以看到大小明显的两种卵粒，大卵粒相对小卵粒较少

（续）

卵巢发育时期	卵巢外观特征
V期（成熟期）	卵巢呈棒状，该期卵巢颜色为黑色，卵巢很饱满，占据整个胸腔，肉眼不能分辨卵膜；细胞呈圆形且饱满，卵黄颗粒充满整个细胞，卵黄颗粒也最大，卵径1.5毫米以上
VI期（产卵后期）	此时期虾刚产卵完毕，卵巢内有的全空，有的有少许残留的粉红色至黄褐色卵粒
VII期（恢复期）	产后不久，卵巢全空，白色半透明，无卵粒；产卵30天后，有卵巢的轮廓，卵膜较厚、透明；卵膜内有的有较稀少的小白色颗粒，有的没有卵粒

从卵巢的分期可以看出，小龙虾的卵母细胞在各期的发育状态基本一致，通过对产后虾的解剖观察可以看出，虾的卵巢几乎无残留卵粒，这足以说明小龙虾属一次性产卵类型的动物。

（3）卵巢发育的周年变化 解剖发现，在每年3—5月份，雌虾的卵巢发育大多都处于I期，但也有极少数处于II期和III期。在6月份，雌虾的卵巢发育大多都处于II期，少数处于I期和III期。7月份则是雌虾卵巢发育的一个转折点，大部分雌虾的卵巢发育都处于III期，仅有少部分处于II期和IV期。到了8月份，则大部分卵巢处于III期和IV期，少量为II期和V期。9月份，则绝大部分雌虾的卵巢为V期。到了10月份，卵巢发育变化最大，大部分处于V期，部分虾卵已全部产出，还有部分虾产完卵后，卵巢又重新还原到I期。11月份至次年的2月份，大部分虾的卵巢处于I期。

卵巢发育处于I期的小龙虾体色大多数为青色，这些青色虾为不到1年的虾。其体长主要集中在5.0～7.0厘米；而卵巢发育较好的虾，其体色绝大多数为黑红色，这些虾中有1年的虾和2年的虾，体长主要集中在8.1～9.0厘米。其中成熟卵巢的黑色红虾中，体长最长和最短的虾的体长分别为10.1厘米和6.1厘米；而对于卵巢成熟的青色虾，其最短体长为6.4厘米。

（4）精巢的发育 精巢的大小和颜色与繁殖季节有关。未成熟的精巢呈白色细条形，成熟的精巢呈淡黄色的纺锤形，体积也较前者大数倍到数十倍。小龙虾精巢发育分期见表2-3。

表 2-3　小龙虾精巢发育分期

精巢发育时期	精巢外观特征
Ⅰ期（未发育期）	精巢体积小，为细长条形，白色，前端为一小球形，生殖细胞均为精原细胞；在精原细胞外围排列着一圈整齐的间介细胞，能分泌雄性激素；精原细胞数量较少，不规则地分散在结缔组织中间，有较多的营养细胞，但尚未形成精小管
Ⅱ期（发育早期）	精巢体积逐渐增大，呈白色，外观形状为前粗后细棒状；精小管中同时存在不同发育时期的生殖细胞，但精原细胞和初级精母细胞占绝大部分，还有部分次级精母细胞
Ⅲ期（精子生长期）	精巢体积较大，为淡青色，外观形状为圆棒状；精小管内主要存在次级精母细胞和精子细胞，有的还存在精子
Ⅳ期（精子成熟期）	精巢体积最大，颜色由淡青色变成了淡黄色，形状为圆棒状和圆锥状，精小管中充满大量的成熟精子；在光学显微镜下观察到的精子为小圆颗粒状
Ⅴ期（产后恢复期）	精巢体积明显较Ⅳ期的小，是自然退化或排过精的精巢；精小管内只剩下精原细胞和少量的初级精母细胞，有的精巢内还有少量精子

　　精巢的发育有明显的季节性变化，在当年12月份至第一年2月份，精巢的体积较小，呈白色细长条形，输精管也十分细小，管内以精原细胞为主。3—6月份，精巢体积逐渐增大，形状为前粗后细的细棒状，输精管内以次级精母细胞为主，管内可形成精子。7—8月份，精巢变为成熟精巢所特有的浅黄色，此时有一小部分虾开始抱对。8—9月份，精巢的体积最大，精巢颜色变成了淡黄色或灰黄色，呈圆锥状，输精管变得粗大，充满了大量的成熟的精子，此时大量的虾开始抱对、交配。

　　从10月份之后，水温下降，食物逐渐缺乏，精巢发育基本处于停止期，直到第二年3月份，水温开始回升，食物逐渐增多，精巢才开始下一个发育周期。

　　(5) 繁殖力　常说的繁殖力是指小龙虾产卵数量的多少，是绝对繁殖力。也有用相对繁殖力来表示的。相对繁殖力用卵粒数量同体重（湿重）或体长的比值来表示：

　　　　　相对繁殖力＝卵粒数量/体重

相对繁殖力＝卵粒数量/体长

只有处于Ⅲ期和Ⅳ期卵巢的卵粒才可作为计算繁殖力的有效数据。

小龙虾的繁殖季节为7—10月份，高峰时期为8—9月份，在此期间绝大部分成虾的卵巢发育都处于Ⅳ～Ⅴ期。通过对100余尾小龙虾繁殖力的测定，结果表明，小龙虾的体长为5.5～10.3厘米，平均体长为7.9厘米；体重为7.17～71.05克，平均体重为39.11克；个体绝对繁殖力的变动范围为172～1 158粒，相对繁殖力为2～41粒/克或47～80粒/厘米。体长为10.1～10.3厘米的虾的平均绝对繁殖力为872粒；体长为9.0～9.9厘米的虾的平均绝对繁殖力为453粒；体长为8.1～8.8厘米的虾的平均绝对繁殖力为609粒；体长为7.0～7.9厘米的虾的平均绝对繁殖力为469粒；体长为6.0～6.9厘米的虾的平均绝对繁殖力为376粒；体长为5.5～5.9厘米的虾的平均绝对繁殖力为323粒。由此可见，一般情况下，个体长的虾的绝对繁殖力较个体短的要高。小龙虾的相对繁殖力随体长的增加而增加是显而易见的。

(6) 胚胎发育 黏附在小龙虾母体上的受精卵，在自然条件下的孵化时间为17～20天，孵化所需要的有效积温为453～516℃·日；在此期间，最低水温为19℃，最高水温为30℃，平均水温为25.8℃。而在10月底以后产出的受精卵，在自然水温条件下，孵化所需要的时间为90～100天，在此期间最低水温为4℃，最高水温为10℃，平均水温为5.2℃。

小龙虾的胚胎发育过程共分为12期：受精期、卵裂期、囊胚期、原肠前期、半圆形内胚层沟期、圆形内胚层沟期、原肠后期、无节幼体前期、无节幼体后期、前蚤状幼体期、蚤状幼体期和后蚤状幼体期。

小龙虾受精卵的颜色随胚胎发育的进程而变化，从刚受精时的棕色，到发育过程中的棕色夹杂着黄色和黄色夹杂着黑色，到最后阶段完全变成黑色，孵化时转变为一部分为黑色，一部分为透明。

(7) 小龙虾的幼体发育 刚孵化出的小龙虾幼体长5～6毫米，悬挂在母体腹部附肢上，靠卵黄囊提供营养，尚不具备成体的形态，蜕壳变态后成为幼虾。幼虾在母虾的保护下生长，当其蜕 3 次壳以后，才离开母体营独立生活。小龙虾幼体的全长是指从幼虾额角顶端到其尾肢末端的伸直长度，其单位通常用毫米（mm）表示。

小龙虾幼体根据蜕壳的情况，一般分为 4 个时期。

Ⅰ龄幼体：全长约 5 毫米，体重约 4.68 毫克。幼体头胸甲占整个身体的近 1/2，复眼 1 对，无眼柄，不能转动；胸肢透明，和成体一样均为 5 对，腹肢 4 对，比成体少 1 对；尾部具有成体形态。Ⅰ龄幼体经过 4 天发育开始蜕壳，整个蜕壳时间 10 小时。蜕壳之后进入Ⅱ龄幼体。

Ⅱ龄幼体：全长约 7 毫米，体重为 6 毫克。经过第一次蜕壳和发育后，Ⅱ龄幼体可以爬行。头胸甲由透明转为青绿色，可以看见卵黄囊呈 U 形，复眼开始长出了部分眼柄，具有摄食能力。Ⅱ龄幼体经过 5 天开始蜕壳，整个蜕壳时间约 1 小时。

Ⅲ龄幼体：全长约 10 毫米，体重为 14.2 毫克。头胸甲的形态已经成型，眼柄继续发育，且内外侧不对等，第一对胸足呈螯钳状并能自由张合，进行捕食和抵御小型生物。仍可见消化肠道，腹肢可以在水中自由摆动。Ⅲ龄幼体经过 4～5 天开始蜕壳。

Ⅳ龄幼体：全长约 11.5 毫米，体重为 19.5 毫克。眼柄发育已基本成型。第一对胸足变得粗大，看不到消化肠道。该期的幼体已经可以捕食比它小的Ⅰ、Ⅱ龄幼体，此时的幼体开始进入到幼虾发育阶段。在平均水温 25℃时，小龙虾的幼体发育阶段约需 14 天。

37. 亲虾如何选择？

挑选淡水小龙虾亲虾的时间一般在 6—9 月份，来源应直接从养殖淡水小龙虾的池塘或天然水域捕捞，亲虾离水的时间应尽可能短，一般要求离水时间不要超过 2 小时，在室内或潮湿的环境，时间可适当长一些。雌雄比例依繁殖方法的不同而各异，全人工繁殖模式的雌雄比例以 2：1 为好；半人工繁殖模式的以 5：2 或 3：1 为好；人工增殖模式的雌雄比例通常为 3：1。选择淡水小龙虾亲虾的标准如下：

（1）颜色暗红或深红、有光泽、体表光滑无附着物。

(2) 个体大，雌雄性个体重都要在 40 克以上，最好雄性个体大于雌性个体。

(3) 亲虾雌、雄个体都要求附肢齐全、无损伤，体格健壮、活动能力强。

如果从市场挑选亲虾，除了上述要求外，还应详细询问小龙虾的来源、离开水体的时间、运输方式等。那些离水时间过长（高温季节离水时间不要超过 2 小时，一般情况下不要超过 4 小时，严格要求离水时间尽可能短）、运输方式粗糙（过分挤压、风吹）的市场虾不能作为亲虾。因为市场上这样的淡水小龙虾经虾贩的泼水处理，外观见是活的，但大多内部损伤较严重，下水后极易死亡。

38. 繁殖方式有哪几种？

(1) 人工增殖　每年的 7—9 月份在没有养殖过淡水小龙虾的池塘、低湖田或浅水草型湖泊中，每亩投放经挑选的淡水小龙虾亲虾 18～20 千克，雌雄比例 3：1。对于池塘而言，在投放亲虾前应对池塘进行清整、除野、消毒、施肥、种植水生植物，水深保持 1 米以上。投放亲虾后，池塘可缓慢排水，使池塘水深保持在 0.4～0.6 米，让淡水小龙虾的亲虾掘穴，进入地下繁殖。10 月底可视池塘和亲虾的情况，缓慢向池塘加水，让水位刚好淹住淡水小龙虾的洞穴。整个秋冬季均可不投喂，但要投放水草，并适度施肥，培育大量的浮游生物，保持透明度在 30～40 厘米，保证亲虾和孵化出的幼虾有足够的食物。当见有大量幼虾孵化出来后，可用地笼捉走已繁殖过的大虾。整个冬季保持水深 0.6 米以上，如气温低于 4℃以下，最好水深在 1 米以上。到第二年 3 月初，当气温回升到 12℃，水温回升到 10℃以上时，就会有虾离开洞穴，出来摄食、活动。此时应加强管理，晒水以提高水温，并开始投喂、捕捞大虾。当水温达到 18℃以上时，则应加强投喂。此种繁殖方法适用于面积较大的池塘和面积较大的低湖田。对于草型湖泊，投放种虾后则不必投草、施肥。

(2) 半人工繁殖　挑选长 40～50 米、宽 6～7 米的长型土池，土池坡度 1：1.5 或在平地上人工开挖长 50 米、宽 6 米的土池，土池坡度 1：1.5 或做成梯形。土池四周设置高 50～60 厘米的防逃网，在土池上立钢筋棚架或竹棚架，用遮阳黑纱覆盖，水深 1 米左右，放小龙虾前对土池清整、消毒、除野。7 月初每池投放经挑选的淡水小龙虾亲虾 180～200 千克，即每亩投放淡水小龙虾亲虾 400～450 千克，雌雄比例 2：1 或 5：2。投放亲虾后，保持良好的水质，定时加注新水，用增氧机向池中间隙增氧，有条件的可采取微流水方式。同时加强投喂，每天投喂一次，多投喂一些动物蛋白含量较高的饵料，如螺蚌肉、鱼肉及屠宰场的下脚料等，并投放较多的水葫芦等水草。通过控制光照、温度、水位、水质，迫使亲虾交配、掘穴、产卵。8 月中下旬开始用虾笼捕捞雄性亲虾，9 月份当有幼虾出现，一边用虾笼捕捉繁殖完毕的雌虾，一边对幼虾加强投喂，同时分期分批捕捞幼虾出池。如水温低于 20℃，可去掉棚架上的黑纱，再覆盖一层塑料薄膜。每个繁殖季节可繁殖两次，每次一个大棚可出幼虾 25 万～30 万尾，1 亩土池可出幼虾 50 万～60 万尾。一个繁殖季节，1 亩这样的土池可繁殖淡水小龙虾苗 100 万尾左右。

(3) 全人工繁殖　每年的 7—8 月份从池塘或天然水域捕捞、挑选淡水小龙虾亲虾放入室内水泥池，投放密度为每平方米 30～40 尾，条件较好的每平方米可投放克氏原螯虾亲虾 50～60 尾，雌雄比例 2：1。水泥池水深 0.6～0.8 米，水泥池内底部设置较多数量的人工巢穴，密布整个池底，移植少量的沉水植物和水葫芦，并用增氧机向池中间隙增氧。每天投喂一次，尽量多投喂一些动物蛋白含量较高的饵料，如活的水丝蚓、蚯蚓、螺蚌肉、鱼肉及屠宰场的下脚料等，并定期投放一些水葫芦、水花生、眼子菜、轮叶黑藻、菹草等，供淡水小龙虾摄食。保持水泥池的水质良好，定时加注新水，晚上开增氧机增氧，有条件的最好采取微流水的方式，一边从上部加进新鲜水，一边从底部排出老水。控制光照、水温、水质、水位，诱导淡水小龙虾亲虾进洞、交配、产卵。淡水小龙虾雌虾产卵 24 小时后，将抱卵雌虾带水小心移入孵化池，集中孵化。待幼体孵化出膜后，向池中投放人工培育的单胞藻和轮虫，或向孵化池中加注培育有丰富浮游生物的池水。待幼虾离开母体后，用抄网捕捞母虾并分期分批捕捞幼虾。一个有 1 000 米² 水泥池的繁殖场每个繁殖季节可繁殖幼虾 1 000 万尾左右。

（4）稻田生态繁育

①投放幼虾模式 4月初前后，往经过稻田工程改选后的稻田中投放幼虾，投放规格在3～4厘米的幼虾15万只/公顷左右，第二年不必投幼虾。

4月至6月中旬为商品虾养殖期，6月中旬至8月底为留种、保种期，9月份为繁殖期，10月份至翌年4月份为苗种培育期。

②投放亲虾模式 8月底前，往经过稻田工程改选后的稻田中投放亲虾，亲虾投放量为350～450千克/公顷，雌雄比例为(2～3)：1，第二年不必投亲虾。

9月份为繁殖期，10月份至翌年4月份为苗种培育期，4月份至6月中旬为商品虾养殖期，6月中旬至8月底为留种、保种期。

③投放方法 克氏原螯虾一般采用干法淋水保湿运输，如离水时间较长，放养前须进行如下操作：先将虾在稻田水中浸泡1分钟左右，提起搁置2～3分钟，再浸泡1分钟，再搁置2～3分钟，如此反复2～3次，让虾体表和鳃腔吸足水分。其后用5～10克/米³聚维酮碘溶液（有效碘1%）浸洗虾体5～10分钟，具体浸洗时间应视天气、气温及虾体忍受程度灵活掌握。浸洗后，用稻田水淋洗3遍，再将虾均匀取点、分开轻放到浅水区或水草较多的地方，让其自行进入水中。

④商品虾养殖 4月开始强化投饵，日投饵量为稻田虾总重的2%～6%，具体投饵量应根据天气和虾的摄食情况调整。饵料种类包括麸皮、米糠、饼粕、豆渣、克氏原螯虾专用配合饲料以及绞碎的螺蚌肉、屠宰场的下脚料等动物性饵料，配合饲料应符合《饲料卫生标准》（GB 13078—2001）和《无公害食品 渔用配合饲料安全限量》（NY 5072—2002）的要求。

⑤留种、保种

A. 进行商品虾捕捞时，当商品虾日捕捞量低于18千克/公顷时，即停止捕捞，剩余的虾用来培育亲虾。

B. 整田前，在靠近环沟的田面筑好一圈高20厘米、宽30厘米的小堤埂，将田面和环沟分隔开，避免整田、施肥、施药对虾造成伤害，为虾的生长繁殖提供所需的生态环境。

C. 开挖环沟时适当增加环沟深度和宽度。确保晒田和稻谷收割时环沟内有充足的水，避免虾因温度过高或密度过大导致死亡。

D. 适当增加水草种植面积以降低水体温度，避免虾过早性成熟并为虾蜕壳提供充足的隐蔽场所。

⑥繁殖　宜适量补充动物性饵料，日投饵量以亲虾总重的1％为宜，以满足亲虾性腺发育的需要。

宜适当移植凤眼莲、浮萍等漂浮植物以降低水体光照强度，达到促进亲虾性腺发育的目的。漂浮植物覆盖面积宜为环沟面积的20％左右。宜适量补充莴苣叶、卷心菜、玉米等富含维生素E的饵料以提高亲虾的繁殖能力。水草保持在环沟面积的40％左右，水草过多时及时割除，水草不足时及时补充。

12月中旬至翌年2月中旬，水位控制在田面上60厘米以上；2月中旬后水位控制在20～30厘米；4月中旬之后，水位控制在60厘米以上；6月初整田前降低水位至5厘米左右。6—9月份水位控制在25厘米左右。稻谷收割前应排水，排水时先将稻田的水位快速地下降到低于田面5～10厘米，然后缓慢排水，促使虾在大、小田埂上掘洞，最后环沟内水位保持在50～70厘米。稻谷收割后10～15天田面长出青草后开始灌水，随后草长水涨。11月份之前，水位控制在田面上30厘米左右；11—12月上旬，水位控制在田面上40厘米左右。

上一年9月份至翌年4月份为苗种繁育期，期间通过施肥和加水、换水使水体透明度始终控制在30～40厘米。其他时间根据水色、天气和虾的活动情况，适时加水、换水以调节水质，每次注水前后水的温差不能超过3℃。

⑦苗种繁育　10月份稻田内有大量幼虾孵出，此时应施入经发酵腐熟的农家有机肥培育天然饵料生物，施用量以1 500～3 000千克/公顷为宜。稻田内天然饵料不足时，可适量补充绞碎的螺蚌肉、屠宰场的下脚料等动物性饵料。12月份水温低于12℃时可停止施肥和投饵。翌年3月前后水温达到12℃时开始投饵以加快幼虾的生长。日投饵量以稻田虾总重的1％为宜，后随着水温升高逐渐增加投饵量，具体投饵量应根据天气和虾的摄食情况调整。

⑧幼虾收获 幼虾捕捞从开始3月下旬开始，到4月中旬结束；捕捞工具主要是地笼。幼虾捕捞地笼网眼规格宜为1.6厘米。捕捞初期，直接将地笼布放于稻田及环沟之内，隔几天转换一个地方。当捕获量渐少时，可将稻田中水排出，使虾落入环沟中，再集中于环沟中放地笼。进行幼虾捕捞时，当捕捞总量达到750千克/公顷左右时，宜停止捕捞，剩余的幼虾用来养殖成虾。

39. 如何用土池培育幼虾？

（1）培育池 用土池培育淡水小龙虾，一般选择长方形的土池，面积2~4亩为好，不要太大。土池的长轴方向与当地季风方向相同，池埂坡度1:3，水深保持0.8~1.0米，培育池底部要平坦，不要有太多淤泥，在培育池的出水口一端要有2~4米^{2}面积的集虾坑，深约0.5米，并要修建好进、排水系统和防逃设施。

放养幼虾前，培育池要彻底消毒、除野，方法是每亩用100~150千克生石灰化水全池泼洒。培育土池每亩施腐熟的人畜粪肥或草粪肥300~500千克，培育幼虾喜食的天然饵料，如轮虫、枝角类、桡足类等浮游生物，小型底栖动物，周丛生物及有机碎屑。土池四周用50~60厘米高的围网封闭，防止敌害生物进入。

淡水小龙虾幼虾在高密度饲养的情况下，易受到敌害生物及同类的攻击。因此，培育池中要移植和投放一定数量的沉水性及漂浮性植物，沉水性植物可用菹草、金鱼藻、轮叶黑藻、眼子菜等，成堆放置在培育池底，每堆5~10千克，每亩15~20堆。漂浮性植物可用水葫芦和水浮莲，用竹子固定在培育池的角落或池边。供幼虾攀爬、栖息和蜕壳时作为隐蔽的场所，还可作为幼虾的饲料，保证幼虾培育有较高的成活率。池中还可设置一些水平和垂直网片，增加幼虾栖息、蜕壳和隐蔽场所。

（2）幼虾放养 面积较大的土池，每平方米放养200~400尾，即每亩放养幼虾15万~20万尾。幼虾放养时，要注意同池中幼虾规格保持一致，体质健壮、无病无伤。放养时间要选择在晴天早晨或傍晚；要带水操作，将幼虾投放在浅水水草区，投放时动作要轻快，要避免使幼虾受伤。放幼虾时还要注意培育池的水温与运虾袋中的水温一致，如不一致则要调温，调温的方法是将幼虾运输袋去掉外袋，单袋浸泡在培育池内 10～30 分钟，待水温一致后再开袋放虾。

(3) 日常管理 淡水小龙虾幼虾放养后，饲养前期要适时向培育池内追施发酵过的有机草粪肥，培肥水质，培育枝角类和桡足类浮游动物，为幼虾提供充足的天然饵料。饲养前期每天投喂 3～4 次，投喂的种类以鱼肉糜、绞碎的螺、蚌肉或从天然水域捞取的枝角类和桡足类为主，也可投喂屠宰场和食品加工厂的下脚料、人工磨制的豆浆等。投喂量以每万尾幼虾 0.15～0.20 千克，沿池边多点片状投喂。饲养中、后期要定时向池中投施腐熟的草粪肥，一般每半个月一次，每次每亩 100～150 千克。每天投喂 2～3 次人工饲料，可投喂的人工饲料有磨碎的豆浆，或者用小鱼虾、螺蚌肉、蚯蚓、蚕蛹等动物性饲料，适当搭配玉米、小麦和鲜嫩植物茎叶，粉碎混合成糜状或加工成软颗粒饲料，日投饲量以每万尾幼虾为 0.30～0.50 千克，或按幼虾体重的 4%～8%投饲，白天投喂占日投饵量的 40%，晚上占日投饵量的 60%。具体投喂量要根据天气、水质和虾的摄食量灵活掌握。培育过程中，要保持水质清新，溶氧充足。土池要每 5～7 天加水 1 次，每次加水量为原池水的 1/5～1/3，保持池水"肥、活、嫩、爽"，溶氧量在 5 毫克/升；每 15 天左右泼洒 1 次生石灰水，浓度为 5 克/米^3，进行池水水质调节和增加池水中离子钙的含量，提供幼虾在蜕壳生长时所需的钙质。培育池用水水温适宜范围为 24～28℃，要保持水温的相对稳定，每日水温变化幅度不要超过 3℃。在适宜的条件下，克氏原螯虾幼虾培育到 3 厘米左右，需要经 3～6 次生长蜕壳。经 15～20 天培育，幼虾体长达 3 厘米左右，即可将幼虾捕捞起来，转入成虾饲养。

40. 如何用水泥池培育幼虾?

(1) 培育池 此种模式的淡水小龙虾幼虾培育池一般面积在 20～100 米^2，面积大比较好。培育池要求内壁光滑，进、排水设施完备，池底有一定的倾斜度，并在出水口有集虾槽和水位保持装置。水位保持装置可自行设计和安装，一般有内、外两种模式。设计在池内的可用内外两层套管，内套管的高度与所希望保持的水位高度一致，起保持水位的作用。外套管高于内套管，底部有缺刻，加水时让水质较差的底部水排出去，加进来的新鲜水不会被排走。设计在池外的，可将排水管竖起一定高度即可。水深保持在 0.6~0.8 米，上部进水，底部排水。放幼虾前水泥池要用漂白粉消毒，新建水泥池要先去碱再消毒。淡水小龙虾幼虾在高密度饲养的情况下，易受到敌害生物及同类的攻击。因此，培育池中要移植和投放一定数量的沉水性及漂浮性水生植物，沉水性植物可用菹草、轮叶黑藻、眼子菜等，将这些沉水性植物成堆用重物沉于水底，每堆 1~2 千克，每 2~5 米²放一堆。漂浮性植物可用水葫芦、水浮莲等。这些水生植物供幼虾攀爬、栖息和蜕壳时的隐蔽场所，还可作为幼虾的饲料，保证幼虾培育有较高的成活率。池中还可设置一些水平或垂直网片、竹筒、瓦片等物，增加幼虾栖息、蜕壳和隐蔽的场所。

(2) 培育用水 幼虾培育用水一般用河水、湖水和地下水，水源要充足，水质要清新无污染，符合国家颁布的渔业用水或无公害食品淡水水质标准。如果直接从河流和湖泊取水，则要抽取河流和湖泊的中上层水，并在取水时用 20~40 目[①]的密网过滤，防止昆虫、小鱼虾及其卵等敌害生物进入池中。如采用地下水，则要考虑地下水的溶氧量、温度、硬度、酸碱度及重金属含量是否超标。如仅是溶氧和温度的问题，可将地下水抽到一个大池中沉淀、曝气、调温，然后再加注到幼虾培育池中。如地下水硬度、酸碱度和重金属超标，则要对地下水进行水处理或干脆不使用。

(3) 幼虾放养 不同条件的幼虾培育池，幼虾放养的密度不同。有增氧条件的水泥池，每平方米可放养刚离开母体的幼虾 500~800 尾；采用微流水培育的水泥池，可放养刚离开母体的幼虾 800~1 000 尾。幼虾放养时，要注意同池中幼虾规格保持一致，体质健壮、无病

① 筛网有多种形式、多种材料和多种形状的网眼。网目是正方形网眼筛网规格的度量，一般是每 2.54 厘米中有多少个网眼，名称有目（英国）、号（美国）等，且各国标准也不一，为非法定计量单位。孔径大小与网材有关，不同材料的筛网，相同目数网眼孔径大小有差别。——编者注

无伤。放养时间要选择在晴天早晨或傍晚，如果是室内水泥池，则没有早晚的要求，什么时候都行；要带水操作，投放时动作要轻快，要避免使幼虾受伤。同时要注意运输幼虾水体的水温要和培育池里的水温一致，如不一致，则要调温。调温的方法是将幼虾运输袋去掉外袋，单袋浸泡在水泥培育池内 10～30 分钟，待水温一致后再开袋放虾。

（4）日常管理　水泥培育池的日常管理主要是投喂和水质条件的控制，每天应结合投喂巡视 4～5 次，并做好管理记录。水泥池培育池的投喂，是要定时向池中投喂浮游动物或人工饲料。浮游动物可从池塘或天然水域捞取，可投喂的人工饲料有磨碎的豆浆，或用小鱼虾、螺蚌肉、蚯蚓、蚕蛹、鱼粉等动物性饲料，适当搭配玉米、小麦，粉碎混合成糜状或加工成软颗粒饲料。每天 3～4 次，日投喂量早期每万尾幼虾为 0.20～0.30 千克，白天投喂占日投饵量的 40%，晚上占日投饵量的 60%；以后按培育池虾体重的 6%～10%投饲。具体投喂量要根据天气、水质和虾的摄食量灵活掌握。

在培育期间，要根据培育池中污物、残饵及水质状况，定期排污、换水、增氧，保持良好的水质，使水中的溶氧保持在 5 毫克/升以上。幼虾培育池最好是有微流水条件，如果没有微流水条件，在白天换水 1/4，晚上换水 1/4，晚上开增氧机，整夜或间隙性充气增氧。培育池用水水温适应范围为 26～28℃，要保持水温的相对稳定，每日水温变化幅度不要超过 3℃。

幼虾在水泥培育池中，饲养 15 天左右，即可长到 2～3 厘米，此时可将幼虾收获投放到池塘中养殖。幼虾收获的方法主要有两种：一是拉网捕捞法，二是放水收虾法。

①拉网捕捞　用一张柔软的丝质夏花鱼苗拉网，从培育池的浅水端向深水端慢慢拖拉即可。此种方法适合于面积比较大的水泥培育池。对于面积比较小的水泥培育池，可不用鱼苗拉网，直接用一张丝质网片，两人在培育池内用脚踩住网片底端，绷紧使之网片一端贴底，另一端露出水面，形成一面网兜墙，两人靠紧池壁，从培育池的浅水端慢慢走向深水端即可。

②放水收虾　放水收虾的方法不论面积大小的培育池都使用，方

法是将培育池的水放至仅淹住集虾槽，然后用抄网在集虾槽收虾。或者是用柔软的丝质抄网接住出水口，将培育池的水完全放光，让幼虾随水流入抄网即可。要注意的是，抄网必须放在一个大水盆内，抄网边露出水面，这样随水流放出的幼虾才不会因水流的冲击力受伤。

41. 如何用稻田培育幼虾？

利用稻田基本条件，布置好防逃设施，投放刚离开母体的虾苗，依靠稻田本身的天然饲料，经过 30 天左右的饲养，就可将规格为 0.8～1.2 厘米的虾苗培育成全长为 3～5 厘米的虾种，这是一种获得小龙虾苗种最直接、最简便、效益最高、使用最为广泛的方法。

(1) 稻田准备

①培育区建设　在稻田围沟中用 20 目的网片围造一个幼虾培育区，每亩培育区培育的幼虾可供 20 亩稻田养殖。

②水位控制　稻田围沟水深应为 0.3～0.5 米，并保持相对稳定的状态，为虾苗提供活动场所。

③移植水草　水草包括沉水植物（菹草、眼子菜、轮叶黑藻等）和漂浮植物（凤眼莲、水花生等）两部分，沉水植物面积应为培育池面积的 50%～60%，漂浮植物面积应为培育池面积的 40%～50%，且用竹筐固定。

④培肥水质　幼虾投放前 7 天，应在培育区经发酵腐熟的农家肥（如鸡粪、牛粪、猪粪等），每亩用量为 100～150 千克，为幼虾培育适口的天然饲料生物。

(2) 幼虾投放

①投放时间　当年 9—10 月份投放离开母体的幼虾，投放应在晴天早晨、傍晚或阴天进行，避免阳光直射、高温和长途运输，减少其体力消耗。

②放养密度　应主要根据稻田饲料生物密度和种类来确定，一般每亩投放规格为 0.8～1.2 厘米的幼虾 15 万～20 万尾。

③运输方法　幼虾采用双层尼龙袋充氧、带水运输。根据距离远近，每袋装幼虾 0.5 万～1.0 万尾。

(3) 幼虾培育阶段的饲养管理

①投饲　幼虾投放第一天即投喂鱼糜、绞碎的螺蚌肉、屠宰场的下脚料等动物性饲料。饲料应符合《饲料卫生标准》（GB 13078—2001）和《无公害食品　渔用配合饲料安全限量》（NY 5072—2002）的规定。每日投喂 3～4 次，除早上、下午和傍晚各投喂 1 次外，有条件的宜在午夜增投 1 次。日投喂量一般以幼虾总重的 5%～8% 为宜，具体投喂量应根据天气、水质和虾的摄食情况灵活掌握。日投喂量的分配如下：早上 20%，下午 20%，傍晚 60%；或早上 20%，下午 20%，傍晚 30%，午夜 30%。

②巡池　早晚巡池，观察水质等变化。在幼虾培育期间，水体透明度应为 30～40 厘米。水体透明度用加注新水或施肥的方法调控。经 15～20 天的培育，幼虾规格达到 2.0 厘米即可撤掉围网，让幼虾自行爬入稻田，转入成虾稻田养殖。

第三章　小龙虾的稻田养殖

42. 我国稻田养殖的历史有多久?

我国水产养殖历史悠久,稻田养鱼也源远流长。据史书记载,早在三国,后在唐代,在四川、广西一带的稻田已出产鲤、草鱼,以此论断,我国的稻田养鱼至少已有 2000 多年的历史。范蠡《养鱼经》载:"以六亩地为池,留长二尺者二千尾作种"(公元前 400 年)。魏武《四时食制》载"郫县子鱼,黄鳞赤尾,出稻田,可以为酱"(2000 多年前)。新中国成立后,在陕西勉县、四川新津县和绵阳县出土的东汉墓中的陶制水田模型,田中有沟埂、有鱼鳖,类似于传统的稻田养鱼模式。

43. 我国现代稻田养殖发展如何?

新中国成立后,我国稻田养鱼的发展经历了:①粗放的低水平阶段:1954 年,第四届全国水产工作会议正式提出全国发展稻田养鱼的号召;1958 年,第五届全国水产工作会议将稻田养鱼纳入农业规划中。②理论与实验探索阶段:1981 年,倪达书、汪建国提出"稻田养鱼鱼养稻,稻鱼共生"理论,并开始养殖与实践;1988 年,中国科学院水生生物研究所与中国农业科学院联合召开了"中国稻-鱼结合学术研讨会"。

新中国成立以来,中国的稻田养鱼经历了发展、衰落、恢复、发展的坎坷历程。经过广大水产科技人员的努力和农民群众的生产实践,无论是养殖模式、水稻栽培、稻田工程还是养鱼技术,都有了丰富和发展,稻田养鱼是农业增效、农民增收和脱贫致富的重要门路。

特别是 20 世纪 80 年代中期，随着稻鱼共生理论的提出和水产部门的倡导，全国各地因地制宜地开展了多种方式的大面积稻田养鱼，呈现蓬勃发展之势。但到 90 年代末，我国的稻田养鱼，无论是养殖面积、产量都徘徊不前，甚至有逐年下降的趋势。究其原因，主要是：

（1）传统的稻田养鱼工艺不适合现代农业发展的需要。

（2）传统的稻田养鱼仅局限于水产行业内，单兵团作战。

（3）在当时经济形势及粮食安全问题尚未解决的情况下，稻田养鱼并未受到党和政府及农民的重视。

直到 21 世纪，小龙虾的红色风暴和河蟹养殖在稻田中的实践，开启了我国稻田综合种养的新篇章。"潜江模式"带动了南方的虾稻种养，"盘山模式"带动了北方的蟹稻种养。

44. 稻田综合种养是什么时候提出来的？

进入 21 世纪后，随着我国对土地单位产出以及食品优质化的要求不断提高，传统的品种单一、规模较小、效益较低的稻田养鱼模式越来越难以适应现代农业发展的需要。各地纷纷结合实际，在传统稻田养鱼的生产模式中，融入生态、健康养殖的理念，引入经济性更高、产业化条件更好的种养品种，集成多学科、多领域的新技术和新工艺，采用"种、养、加、销"一体化现代管理模式，有力地促进了新一轮稻田养鱼模式的拓展和技术的升级即"稻田综合种养"。

45. 何谓稻田综合种养？

所谓稻田综合种养，是指通过运用生态经济学原理和稻鱼共生理论，对稻田实施工程化改造，人为构建稻-鱼共生互促系统，使水稻田里既能种植水稻又能同时养殖名特优水产品，充分发挥物种间共生互利的作用，促进物质和能量良性循环，能实现水稻稳产、水产品增加、经济效益提高、农药化肥施用量显著减少，是一种具有稳粮、促渔、提质、增效、生态、环保等多种功能的生态循环农业发展模式。

46. 我国稻田综合种养发展如何？

2007 年以来，一大批以名特经济水产品种为主导，以标准化生产、规模化开发、产业化经营为特征的稻田综合种养新模式不断涌现，表现出稳粮、促渔、增效、提质、生态、节能等多方面的作用，在经济、社会、生态等方面均取得显著的成效，得到了各地政府的高级重视以及种稻农民的积极响应。

我国的稻田综合种养已经进入产业化时代。稻田种养产业化以"以渔促稻、稳粮增效"为指导原则，以名优特水产品为主导，以标准化生产、规模化开发、产业化经营和品牌化创建为特征，能在水稻不减产的情况下，大幅度提高稻田效益，并减少农药和化肥的使用，是一种具有稳粮、促渔、增收、提质、环境友好、发展可持续等多种生态系统功能的现代循环生态农业模式。

47. 稻田综合种养有哪些特点？

(1) 激发了广大农民的种粮积极性，保障了粮食安全

①不与粮争地　稻田综合种养的田间工程只在稻田内开挖宽 3 米左右、深 1.5 米左右的环沟，约占 8％稻田面积。通过连片开发、稻田小改大，减少了田埂道路，又增加了一些稻田面积，环沟占比可减少到 3％～5％，加上环沟周边的水稻具有边行优势，采用边行密植后基本不会挤占种粮的空间，不与粮争地。

②提高了粮食单产　由于稻田综合种养充分利用了物种间共生互利的优势，改善了稻田生态环境，加上水产动物在田间吃食害虫、清除杂草、和泥通风、排泄物增肥，水稻得到健康发育生长。通过连续 3 年测产验收结果表明，稻田综合种养的稻谷单产较单一种植水稻可提高 5％～10％。

③提高了粮食品质和效益　稻田中实施综合种养后，化肥和农药大量减少，稻田生境得到很大改良和修复，生产的粮食品质得到很大提高，大米的售价从 4 元/千克左右提高到 20～80 元/千克，种粮的

效益也大幅提高，稻田的综合效益比单一种稻提高了 2～10 倍。

④激发了农民的种粮积极性　由于稻田综合种养稻田的粮食产量稳中有升，稻谷单价也有所提高，加上养殖名特水产品的收益，农民收入大幅增加，大大激发了农民的种粮积极性。以前无人问津的冷浸田、抛荒田，现在流转价格每亩达到七八百元，许多地方出现了"一田难求"局面，仅湖北省就有 206 万亩撂荒、低湖、低洼、冷浸田得到开发利用。

(2) 改善了稻田生态环境，保障了生态安全

①大大减少了化肥的使用　以有机肥料作为基肥，以水产生物的粪便作为追肥，从而大大减少了化肥的使用。全国 10 省份示范区减少化肥使用量 30%～100% 不等，平均减少 62.9%。

②限制并减少了农药的使用　水产生物对农药十分敏感，限制或大幅减少了农药的使用，全国 10 省份示范区减少农药使用量 10%～100%，平均减少 48.4%。稻田综合种养减少化肥和农药等化学制品的使用量，降低了农业的面源污染。

③促进了稻田土壤肥力的恢复　水产动物活动以及水产养殖中有机肥、饲料、微生物制剂的使用，提高了土壤中有机质含量，减少化肥使用的同时防止了土壤板结化。

④实现了秸秆还田，减少了甲烷等温室气体的排放。

(3) 助推农民增收致富，实现了精准扶贫　稻田综合种养比较效益突出，已成为湖北农业精准扶贫和农民增收致富的重要途径。通山县是湖北的省级重点贫困山区县，通过发展稻田养虾，2015 年实现产值近亿元，为全县农民人平增收 140 元，1 000 多名贫困人口脱贫致富。

(4) 从源头上确保了农产品质量安全　稻田综合种养利用物质循环原理，采用生物防治与物理防治相结合的绿色防控技术，减少了化肥和化学农药的使用，有效控制了面源污染。

鳖、虾、鱼在冬春两季利用水稻的秸秆作为饵料，并将其转化成有机肥料，实现了秸秆自然还田。鳖、虾、鱼还可以疏松水稻根系土壤，其排泄物作为水稻的有机肥料，有效改良土壤结构，提高水稻产量和品质。

稻田生态系统为水产动物提供了良好的栖息环境，水草、有机质、昆虫、底栖生物又可作为水产动物的天然饵料，实现物质的循环利用、稻鱼的和谐共生，生产的水产品、稻米均为绿色食品或有机食品，确保了"舌尖上的安全"。

（5）带动新型经营主体壮大，促进了产业融合发展

①通过发展稻田综合种养，各地培育壮大了一批新型市场主体 2015年，仅湖北省的稻田综合种养大户就有5 000多户，专业合作社900多家，相关加工企业100多家，吸引各类新型主体生产经营投入资金超过50亿元。

②通过发展稻田综合种养，湖北省还打造了一批精品名牌 依托稻田综合种养产品的优良品质，积极宣传推介，加强市场营销，湖北省成功打造出潜江"虾乡稻"，鄂州"洋泽"大米，"楚江红""良仁"牌小龙虾，"香稻嘉鱼""忠成"牌甲鱼等精品名牌。

③通过发展稻田综合种养，湖北强力推进产业融合，加快实现了"一鱼一产业"的发展目标 通过"虾稻共作"，湖北小龙虾产业已形成了集养殖、繁育、加工、流通、餐饮、出口、节庆、旅游、电商于一体的小龙虾产业发展体系，全省现有流通经纪人1万余人，虾店、虾餐馆近2万家，2015年全省仅小龙虾一个品种的综合产值就突破600亿元。

48. 我国稻田综合种养现有哪些模式？

为促进稻田综合种养技术的发展，在农业部科技教育司和渔业渔政管理局的大力支持下，2010—2012年全国水产技术推广总站牵头，组织上海海洋大学、浙江大学、湖北省水产技术推广总站、辽宁省淡水渔业研究院、吉林省水产技术推广站、浙江省水产技术推广总站、福建省水产技术推广站、江西省水产技术推广站、安徽省水产技术推广站、湖南省畜牧水产技术推广站、四川省水产技术推广总站、宁夏回族自治区水产技术推广站等单位，实施了稻田综合种养技术集成与示范项目。项目针对稻田综合种养的需求和特点，集成、创新、示范和推广了"稻蟹共作""稻鳖共作＋轮作""稻虾连作＋共作""稻鳅共作""稻鱼共作"5 类 19 个典型模式，并集成创新了 20 多项配套关键技术。下面介绍几种具有代表性的典型模式：

(1)"稻鱼共作"模式 以浙江省青田县稻田养鱼为典型代表，这里将当地历史文化融入稻田养鱼之中，运用文化的理念发展稻田养殖，使之成为休闲、旅游之地，并被联合国粮农组织批准为非物质文化遗产（彩图 6）。

(2)"稻虾连作"模式 该模式主要在长江中游，水稻与小龙虾连作（彩图 7）。其特点是：

①主要利用地势低洼的单季稻田。6 月份插秧，10 月中旬收割，收割后稻草还田，然后灌水投放种虾繁殖虾苗。第二年开春后投有机肥、补充部分菜籽饼等饲料，4 月中旬至水稻插秧前开始捕捞。

②养殖面积（沟）占用稻田的比例在 8%～10%。

③年生产稻谷 400～550 千克/亩、小龙虾 100 千克/亩左右。亩综合效益 1 200～1 500 元，比单独种植水稻翻一番以上。

(3)"稻蟹共作"模式 以辽宁"盘山模式"为典型代表，2011 年在全国推广面积达 130 万亩（彩图 8）。其特点是：

①"水稻栽培与河蟹养殖"结合，稻蟹共作。

②采用"大垄双行，早放精养，种养结合，稻蟹双赢"——"盘山模式"，经多年试验研究，已初步建立稻田种养新技术的技术体系和管理体系。

③采用大垄双行栽插技术，水稻栽插"一行不少，一穴不缺"，水稻平均产量 650～750 千克/亩，增产 5%～17%。产品为蟹田稻谷，售价增加 0.3 元/千克，成本下降 10%以上，水稻亩净收入由 600 元提高到 900 元以上。

④河蟹培育采用强化营养技术，河蟹平均规格 100 克以上，亩产 25 千克以上。

⑤综合效益明显提高。"水稻＋河蟹"经济效益合计 1 500～2 000元/亩。效益提高 1.5～2 倍。

⑥覆盖面广，影响大。2010 年在盘山县已推广 42 万亩，占全县稻田总面积 61%。稻田的综合效益 1 651 元/亩，比实施前增长了 68.4%。全县河蟹总产量 2.6 万吨，产值 12 亿以上，仅河蟹一项全

县农业人口人均纯收入 1 390 元，比实施前增收 214%。

(4) "蟹（虾、鳖）池种稻" 模式 该模式主要在经济发达的江苏、浙江、上海地区。对原来的池塘，采用增加池边青坎面积和池中台地面积，以保持水深 10～20 厘米，种植水稻（彩图 9）。池中饲养适宜在浅水生活或水陆两栖的特种水产（如河蟹、小龙虾、中华鳖等），按养殖对象可分为：

① "虾池种稻" 模式 该模式以扬州高邮永琪农业发展有限公司为代表，其特点是：

A. 小龙虾养殖与水稻栽培相结合，"虾稻共作"。

B. 养虾的沟、溜面积占 30%～40%，水稻种植面积占 60%～70%。

C. 产、加、销一体化。水稻栽培全部按有机稻的标准执行，生产的大米经有机产品认证，其 "大鳌虾田米" 价格 20 元/千克，有机小龙虾 30 元/千克，以配送形式直销。

D. 经济效益高。水稻效益 2 000 元/亩以上，小龙虾效益 1 000元/亩以上，综合效益达 3 000 元/亩以上。

② "蟹池种稻" 模式 该模式以上海市崇明县蟹种池为代表（彩图 10），其特点是：

A. 蟹种养殖与水稻栽培相结合，"蟹稻共作"。

B. 水稻种植面积一般为池塘总面积的 40%～60%。

C. 水稻栽培不施肥、不烤田，不用农药，亩产稻谷（以总面积计算）200～300 千克，其大米品质好，均为优质米。

D. 蟹塘主养蟹种，亩产蟹种 125 千克以上，规格 120～200 只/千克。

E. 综合效益达 4 500 元/亩，水稻效益 1 500 元/亩。

③ "鳖池种稻" 模式 该模式以上海沐雨生态农业有限公司为代表（彩图 11），其特点是：

A. 中华鳖与水稻栽培相结合。

B. 水稻种植面积占总面积 60%左右。稻谷亩产 300 千克左右。

C. 生产商品鳖 50 千克/亩以上。

D. 产品为绿色食品，售价高。

E. 综合效益明显提高。亩利润 3 000 元以上，效益比常规种植

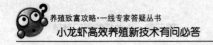
水稻提高 4～5 倍。

④ "鳖稻轮作"模式　该模式以浙江省德清县清溪鳖业有限公司为代表（彩图 12），其特点是：

A. 稻、鳖轮作，一年养成鳖，第二年种水稻。两年一个轮作周期。

B. 不用农药、肥料、抗生素，生产的水稻为有机稻，中华鳖病害少，成活率高。

C. 水稻亩产 700 千克，自产自销清溪鳖池大米 20 元/千克，产品供不应求。

D. 综合效益较高。以两年一个周期。平均效益：（成鳖亩效益10 000 元＋水稻亩效益 6 000 元）÷2＝8 000 元。

湖北省集成、创新、示范和推广的"虾稻共作""鳅稻共作""鳖虾鱼稻共作"等三种模式，成功打造出湖北稻田综合种养升级版。2015 年，全省稻田综合种养面积突破 300 万亩，2016 年可达到约 400万亩。实地测产验收表明，稻田综合种养平均亩产稻谷 500 千克以上、水产品 100 千克左右。其中，"虾稻共作"模式（彩图 13、彩图 14）：亩均产值达 5 408 元，亩均纯收入 3 107 元。2015 年 5 月，笔者采取抽样调查的方式，在"虾稻共作"模式主要产区对 4 户养殖个体进行"虾稻共作"模式收入情况的调查与分析，调查结果如下：被调查对象为湖北省鄂州市泽林镇万亩湖小龙虾合作社成员余国清（"虾稻共作"面积 120 亩），高彭保（"虾稻共作"面积 110 亩），泽林镇兴发种养殖农民专业合作社成员张育平（"虾稻共作"面积 230 亩），王守全（单纯水稻种植面积 120 亩，对照田）。调查结果显示（表 3-1）：

表 3-1　"虾稻共作"与单纯种稻亩成本对比表

单位：元

姓名	模式	合计	租金	稻虾种费	肥料	饲料	药物	开沟费分摊	地笼折旧	请工费	机耕费	收割费	备注
余国清	稻-虾种	866	350	96 稻种	100	20	40	40	50	50	40	80	撒播
高彭保	稻-虾种	1 180	350	100 稻种	120	20	40	40	50	300	70	80	插秧
张育平	稻-成虾	2 136	340	656 稻、虾种	190	90	50	100	80	460	80	90	插秧
王守全	中稻	824	350	98 稻种	128		98	0	0	0	70	80	插秧

结果分析："虾稻共作"与单纯种粮两组养殖模式效益差别较大，"虾稻共作"亩成本大于单纯种粮，最高达到 2.6 倍，但是亩纯收入则是单纯种粮的 3～4 倍（表 3-2），且田间管理强度及劳力投入几乎没有差别。

表 3-2 "虾稻共作"与单纯种稻亩效益对比表

姓名	模式	产量（千克）			单价（元/千克）			产值（元）	成本（元）	利润（元）	面积（亩）
		水稻	商品虾	虾种	水稻	商品虾	虾种				
余国清	稻-虾种	650	60	40	2.4	24	20	3 800	866	2 934	120
高彭保	稻-虾种	800	20	85	2.5	44	20	4 580	1 180	3 400	110
张育平	稻-成虾	650	75	50	2.4	36	26	5 560	2 136	3 424	230
王守全	中稻	700	0	0	2.4			1 680	824	856	120

此外，虾稻共作模式还有很大延伸发展空间，还可以进一步拓展为虾鳖稻、虾蟹稻、虾鳅稻等复合种养模式。该模式不仅能进一步提高复种指数，增加单位产出，而且拓宽了农民增收渠道。

"鳖虾鱼稻共作"模式（彩图 15、彩图 16）：2012—2013 年，笔者在湖北省赤壁市进行试验。试验地点位于赤壁市芙蓉镇廖家村十组，稻田面积 48 亩。2012 年，鳖、虾和鱼的苗种分别来源于咸宁温室、洪湖小港镇和本地，甲鱼种下田前用高锰酸钾消毒。饲料为小杂鱼，来源于赤壁市陆水水库。投喂方法：鳖入田后开始投喂，每天下午 5 时投喂 1 次，投喂量在 50～150 千克/天，其中：50～75 千克/天投喂 20 天，75～125 千克/天投喂 30 天，150 千克/天投喂至 10 月 2 日，随后投喂量逐渐减少，直至 10 月中旬后停止投喂。2013 年，鳖、虾和鱼苗种分别来源于洪湖外塘、稻田自繁和本地。鳖种 4 月 15 日入田，6 月 10 日起开始投喂，饲料种类、投喂方法、投喂量以及种养管理基本同 2012 年。

试验结果：2012—2013 年，48 亩稻田两年共收获水产品 16 689 千克，其中，鳖 8 903 千克、小龙虾 3 296 千克、鱼 4 490 千克，水产品销售收入 1 505 725 元；亩年平水产品产量 173.8 千克、产值 15 684.6 元；共产水稻 43 090 千克，水稻销售收入 107 843 元，亩年平 448.9 千克、产值 1 124.4 元。两项合计亩年平产值 16 847.3 元，综合效益 11 206.7 元。其中，2012 年，48 亩稻田共收获水产品 9 121 千克，其中，鳖 4 185 千克、小龙虾 2 296 千克，鱼 2 640 千克，亩平水产品 190.0 千克，水产品销售收入共 775 605 元，亩产值 16 158.4 元；共产水稻 21 840 千克，亩平 455.0 千克，水稻销售收入 46 250 元，亩平产值 963.5 元，两项合计亩平综合效益 10 927.4 元。2013 年，48 亩稻田共收获水产品 7 568 千克，其中，鳖 4 718 千克、小龙虾 1 000 千克，鱼 1 850 千克，亩平水产品 157.7 千克，水产品销售收入共 730 120 元，亩产值 15 210.8 元；共产水稻 21 250 千克，亩平 442.7 千克，水稻销售收入 48 875 元，亩平产值 1 018.2 元，两项合计亩平综合效益 11 486.0 元（表 3-3～表 3-8）。

表 3-3　水生动物放养情况

年度	品种	时间	重量（千克）	规格［克/只（尾）］	数量（只/尾）	备注
2012	鳖	2012 年 6 月 18 日	1 600	401.5	3 984	—
	虾	2011 年 8 月 10 日	500	抱卵虾	18 488	—
	鱼	2011 年 11 月 12 日	625	78	8 016	异育银鲫
	合计		2 725	—	—	—
2013	鳖	4 月 15 日	1 500	550	2 727	—
	虾	2012 年自繁	未计	未计	未计	—
	鱼	4 月 5 日至 4 月 10 日	500	73	6 849	本地鲫
	合计	—	2 000	—	—	—

表 3-4　生产支出情况

年度	品种	种苗			饲料			其他金额（元）	总计（元）
		重量（千克）	价格（元/千克）	金额（元）	重量（千克）	价格（元/千克）	金额（元）		
2012	鳖	1 600	76	121 600				76 460	310 060
	虾	500	48	24 000	21 000	4.0	84 000		
	鱼	625	6.4	4 000					
	合计	2 725	—	149 600	21 000	—	84 000	764 600	310 060

（续）

年度	品种	种苗			饲料			其他金额（元）	总计（元）
		重量（千克）	价格（元/千克）	金额（元）	重量（千克）	价格（元/千克）	金额（元）		
2013	鳖	1 500	72	108 000					
	虾	0	0	0	16 250	3.6	58 500	63 440	231 440
	鱼	500	3.0	1 500					
	合计	2 000	—	109 500	16 250	—	58 500	63 440	231 440

注：基建费用按三年折旧计算。

表 3-5　产品收获情况

年度	品种	时间	重量（千克）	均规格［克/只（尾）］	数量（只/尾）	回捕率（%）
2012	鳖	11—12 月	4 185	1 100	3 805	95.5
	虾	4—7 月	2 296	25	91 840	—
	鱼	10—12 月	2 640	450	5 867	73.2
	稻	9 月	21 840			
	合计	—	30 961			
2013	鳖	11—12 月	4 720	1 250	3 776	96.1
	虾	4—7 月	1 000	32	31 250	—
	鱼	10—12 月	1 850	270	6 851	100.0
	稻	9 月	21 250	—	—	—
	合计	—	28 818			

表 3-6　产品收入情况

年度	品种	总量（千克）	均价（元/千克）	总产值（元）	亩均产值（元）
2012	鳖	4 185	160	669 600	13 950
	虾	2 296	32	73 472	1 548.4
	鱼	2 640	12	31 680	660.0
	稻	21 840	2.7	58 968	1 228.5
	合计	30 961	—	834 573	17 386.9

（续）

年度	品种	总量（千克）	均价（元/千克）	总产值（元）	亩均产值（元）
2013	鳖	4 720	140	660 800	13 760.8
	虾	1 000	40	40 000	833.3
	鱼	1 850	10	18 500	385.4
	稻	21 250	3.0	63 750	1 328.1
	合计	28 818	—	782 770	1 6307.7

表3-7　普通田块中亩水稻成本、收益、利润表

年度	收　入			支　出							利润（元）
	产量	售价	效益	稻种	栽秧	机耕	肥料	农药	收割	合计	
2012	600	2.5	1 500	20	150	100	170	30	150	620	880
2013	600	2.3	1 380	20	160	100	170	32	155	637	743

表3-8　综合经济效益

单位：元

项　目		年度效益	
		2012 年	2013 年
收入	鳖	669 600	660 800
	虾	74 325	40 000
	鱼	31 680	18 500
	稻	58 968	63 750
	合计	834 573	783 050
支出	鳖种	121 600	108 000
	虾种	24 000	0
	鱼种	4 000	1 500
	稻种	1 300	900
	田租	9 600	9 600
	基建（沟、防逃、哨棚、水电等）	18 760	18 760
	工资（耕作、插秧收割、管理）	45 000	33 000
	饵料	84 000	58 500
	其他	1 800	1 180
	合计	310 060	231 440
总利润	—	524 513	551 610
亩利润	—	10 927.4	11 491.9

注：上表田租为租用稻田费用。

结果表明：2012—2013 年，实施鳖虾鱼稻生态种养稻田年平均综合效益 11 206.7 元，与单一种植水稻稻田比较（两年亩平效益 812 元）提高了 12.8 倍，与虾稻连作稻田比较（亩平效益 1 500 元）提高了 6.4 倍，2013 年比 2012 年亩平综合效益提高了 558.6 元。投入产出比达到了 1∶2.99。

　　截至 2012 年年底，在湖北、辽宁、吉林、浙江、福建、江西、安徽、湖南、四川、宁夏等 10 省（自治区）共建核心示范区 44 个、面积 89 659 亩；培育核心示范户 1 379 户、合作经济组织 227 个；创建稻米品牌 27 个、水产品牌 13 个；技术培训 510 班次、36 294 人次；辐射示范带动 489.36 万亩。示范区在水稻稳产的同时，增收水产品，亩均增效 50％以上；稻田农药使用量平均减少 48.4％，化肥使用量平均减少 62.9％。

　　为什么稻田综合种养条件下农药和化肥会大幅减少呢？浙江大学陈欣等人研究了稻田综合种养条件下农药和化肥依赖低的生态机理。

　　以稻鱼系统为例，对稻田养殖系统降低农药和化肥的原因进行了研究，结果显示，6 年研究中，每年的水稻单作和稻鱼共作的水稻产量均没有显著差异，但是稻鱼共作的水稻产量时间稳定性比水稻单作高，且水稻单作的农药和化肥使用量分别比稻鱼共作多 68％和 24％。田间试验没有施用农药，稻鱼共作中水稻产量和产量的时间稳定性都显著高于水稻单作系统。

　　进一步的田间试验发现，稻鱼系统中，水稻害虫稻飞虱（包括褐飞虱、白背飞虱和灰飞虱）密度下降，尤其是在稻飞虱暴发年份。此外，纹枯病的发病率和杂草密度也大大降低。稻鱼系统中由于鱼的取食活动，导致病虫草害的发生是稻鱼系统农药降低的主要原因。

　　田间试验也表明，水稻和水产生物之间对元素源的互补利用是稻田养殖化肥减少的重要原因。如稻鱼系统中，水稻利用了饲料中未被鱼利用的氮，减少了鱼饲料氮在环境中（即土壤和水体中）的积累，比较投喂饲料和不投喂饲料条件下稻鱼系统的研究发现，稻鱼系统中水稻籽粒和秸秆中 31.8％的氮来自鱼饲料，稻鱼共作和鱼单作各自鱼体内氮总量的差值表明化肥中 2.1％的氮进入了鱼的体内。

49. 小龙虾的稻田养殖模式有哪几种？

目前，我国稻田养虾模式主要有两种：

（1）虾-稻连作模式 一稻一虾，即6—9月份种一季稻，10月份至第二年5月份养一季小龙虾。

（2）虾稻共作模式 一稻二虾，即6—9月份种一季水稻同时养一季小龙虾，10月份至第二年5月份养一季小龙虾。

50. 何谓"虾稻连作"？

所谓虾稻连作（即克氏原螯虾与中稻轮作）是指在中稻田里种一季中稻后，接着养一季小龙虾的一种种养模式。具体地说，就是每年的8—9月份中稻收割前投放亲虾，或9—10月份中稻收割后投放幼虾，第二年的4月中旬至5月下旬收获成虾，5月底、6月初整田、插秧，如此循环轮替的过程。

51. 虾稻连作模式的稻田怎么选？

选择水质良好、水量充足、周围没有污染源、保水能力较强、排灌方便、不受洪水淹没的田块进行稻田养虾，面积少则十几亩，多则几十亩、上百亩都可，面积大比面积小要好。虾稻连作需要开挖围沟，早放虾种早捕捞，规模不大且不集中连片的稻田，要建设防逃设施。

52. 虾稻连作模式稻田工程怎么建？

养虾稻田田间工程建设包括田埂加宽、加高、加固，进、排水口设置过滤、防逃设施，环形沟、田间沟的开挖，安置遮阳棚等工程。沿稻田田埂内侧四周开挖环形养虾沟，沟宽1.0～1.5米，深0.8米，田块面积较大的，还要在田中间开挖"十"字形、"井"字形或"日"

字形田间沟，田间沟宽 0.5～1.0 米，深 0.5 米，环形虾沟和田间沟面积占稻田面积的 3%～6%。利用开挖环形虾沟和田间沟挖出的泥土加固、加高、加宽田埂，平整田面，田埂加固时每加一层泥土都要进行夯实，以防以后雷阵雨、暴风雨时田埂坍塌。田埂顶部应宽 2 米以上，并加高 0.5～1.0 米。排水口要用铁丝网或栅栏围住，防止小龙虾随水流而外逃或敌害生物进入。进水口用 20 目的网片过滤进水，以防敌害生物随水流进入。进水渠道建在田埂上，排水口建在虾沟的最低处，按照高灌低排格局，保证灌得进、排得出。

53. 放种前要做哪些准备工作？

(1) 清沟消毒　放虾前 10～15 天，清理环形虾沟和田间沟，除去浮土，修正垮塌的沟壁。每亩稻田环形虾沟用生石灰 20～50 千克，或选用其他药物，对环形虾沟和田间沟进行彻底清沟消毒，杀灭野杂鱼类、敌害生物和致病菌。

(2) 施足基肥　放虾前 7～10 天，在稻田环形沟中注水 20～40 厘米，然后施肥培养饲料生物。一般结合整田每亩施有机农家肥 100～500 千克，均匀施入稻田中。农家肥肥效慢、肥效长，施用后对小龙虾的生长无影响，还可以减少日后施用追肥的次数和数量，因此，稻田养殖小龙虾最好施有机农家肥，一次施足。

(3) 移栽水生植物　环形虾沟内栽植轮叶黑藻、金鱼藻、眼子菜等沉水性水生植物，在沟边种植蕹菜，在水面上浮植凤眼莲等。但要控制水草的面积，一般水草占环形虾沟面积的 40%～50%，以零星分布为好，不要聚集在一起，这样有利于虾沟内水流畅通无阻塞。

(4) 过滤及防逃　进、排水口要安装竹箔、铁丝网及网片等防逃、过滤设施，严防敌害生物进入或小龙虾随水流逃逸。

54. 虾稻连作模式怎样放种？

要一次放足虾种，分期分批轮捕。虾稻连作，在小龙虾的放养上有两种模式。

(1) 放种虾模式 第一年的 8—9 月份，在中稻收割之前 1 个月左右，往稻田的环形虾沟中投放经挑选的小龙虾亲虾。投放量为每亩 20～30 千克，雌雄比例 3：1。小龙虾亲虾投放后不必投喂，亲虾可自行摄食稻田中的有机碎屑、浮游动物、水生昆虫、周丛生物及水草。

在投放种虾这种模式中，小龙虾亲虾的选择很重要。选择小龙虾亲虾的标准如下：

①颜色为暗红或黑红色、有光泽、体表光滑无附着物。

②个体大，雌雄个体重都要在 35 克以上，最好雄性个体大于雌性个体。

③亲虾雌雄个体都要求附肢齐全、无损伤、体格健壮、活动能力强。

④亲虾离水时间要尽可能短。

(2) 放幼虾模式 每年的 9—10 月份，当中稻收割后，用木桩在稻田中营造若干深 10～20 厘米的人工洞穴并立即灌水。往稻田中投施腐熟的农家肥，每亩投施量为 100～300 千克，均匀地投撒在稻田中，没于水下，培肥水质。往稻田中投放离开母体后的幼虾 1.0 万～1.5 万尾，在天然饲料生物不丰富时，可适当投喂一些鱼肉糜，绞碎的螺、蚌肉及动物屠宰场和食品加工厂的下脚料等，也可人工捞取枝角类、桡足类，每亩每日可投 500～1 000 克或更多，人工饲料投在稻田沟边，沿边呈多点块状分布。

上述两种模式，稻田中的稻草尽可能多地留置在稻田中，呈多点堆积并没于水下浸沤。整个秋冬季，注重投肥，培肥水质。一般每个月施 1 次腐熟的农家粪肥。天然饲料生物丰富的可不投饲料。当水温低于 12℃，可不投喂。冬季小龙虾进入洞穴中越冬，到第二年的 2—3 月份水温适合小龙虾时，要加强投草、投肥，培养丰富的饲料生物，一般每亩每半个月投 1 次水草，100～150 千克，每个月投 1 次发酵的猪牛粪，100～150 千克。有条件的每日还应适当投喂 1 次人工饲料，以加快小龙虾的生长。可用的饲料有饼粕、谷粉、砸碎的螺、蚌肉及动物屠宰场的下脚料等，投喂量以稻田存虾重量的 2%～6% 加减，傍晚投喂。人工饲料、饼粕、谷粉等在养殖前期每亩投量在 500 克左右，养殖中后期每亩可投 1 000～1 500 克；螺、蚌肉可适当多投。4 月中旬用地笼开始捕虾，捕大留小，一直至 5 月底、6 月初稻田整田前，彻底干田，将田中的小龙虾全部捕起。

55. 虾稻连作模式怎样搞好饲养管理?

每天早晨和傍晚坚持巡田，观察沟内水色变化和虾的活动、吃食、生长情况。田间管理的主要工作为晒田、稻田施肥、水稻施药、防逃、防敌害等。

(1) 晒田 水稻晒田宜轻烤，不能完全将田水排干。水位降低到田面露出即可，而且时间不宜过长。晒田时小龙虾进入虾沟内，如发现小龙虾有异常反应时，则要立即注水。

(2) 稻田施肥 稻田基肥要施足，应以施腐熟的有机农家肥为主，在插秧前一次施入耕作层内，达到肥力持久长效的目的。追肥一般每月 1 次，可根据水稻的生长期及生长情况施用生物复合肥 10 千克/亩，或用人畜粪堆制的有机肥，对小龙虾无不良影响。施追肥时最好先排浅田水，让虾集中到环沟、田间沟之中，然后施肥，使追肥迅速沉积于底层田泥中，并被田泥和水稻吸收，随即加深田水至正常深度。

(3) 水稻施药 小龙虾对许多农药都很敏感，稻田养虾的原则是能不用药时坚决不用药，需要用药时则选择高效低毒的无公害农药和生物制剂。施农药时要注意严格把握农药安全使用浓度，确保虾的安全，并要求喷药于稻叶面，尽量不喷入水中，而且最好分区用药。分区用药的含义是将稻田分成若干个小区，每天只对其中一个小区用药。一般将稻田分成两个小区，交替轮换用药，在对稻田的一个小区用药时，小龙虾可自行进入另一个小区，避免受到伤害。水稻施用药物，应避免使用含菊酯类和有机磷类的杀虫剂，以免对小龙虾造成危害。喷雾水剂宜在下午进行，因为稻叶下午干燥，大部分药液会吸附在水稻上。同时，施药前田间加水深至 20 厘米，喷药后及时换水。

(4) 防逃、防敌害 每天巡田时检查进出水口筛网是否牢固，防逃设施是否损坏。汛期防止洪水漫田，发生逃虾的事故。巡田时还要

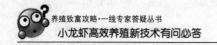

检查田埂是否有漏洞，防止漏水和逃虾。

稻田饲养小龙虾，其敌害较多，如蛙、水蛇、黄鳝、肉食性鱼类、水老鼠及一些水鸟等，除放养前彻底用药物清除外，进水口进水时要用20目纱网过滤；平时要注意清除田内敌害生物，有条件的可在田边设置一些彩条或稻草人，以便恐吓、驱赶水鸟。

56. 虾稻连作模式怎样收获成虾？

稻田饲养小龙虾，只要一次放足虾种，经过2～3个月的饲养，就有一部分小龙虾能够达到商品规格。长期捕捞、捕大留小是降低成本、增加产量的一项重要措施。将达到商品规格的小龙虾捕捞上市出售，未达到规格的继续留在稻田内养殖，降低稻田中小龙虾的密度，促进小规格的小龙虾快速生长。

在稻田捕捞小龙虾的方法很多，可采用虾笼、地笼及抄网等工具进行捕捞，最后可采取干田捕捞的方法。在4月中旬至5月下旬，采用虾笼、地笼起捕，效果较好。下午将虾笼和地笼置于稻田虾沟内，每天清晨起笼收虾。最后在整田插秧前排干田水，将虾全部捕获。

57. 何谓"虾稻共作"？

所谓"虾稻共作"，就是利用农业生态学原理构建稻田虾、稻共生系统，通过人为种植、养殖、施肥、水位调控和留种、保种等配套措施，实现小龙虾的自繁、自育、自养和系统生产力的提高。

即首次养虾的稻田，8月下旬至9月上旬投放亲虾，10月至翌年3月培育小龙虾苗种，4月至5月养殖商品虾，6月至9月留种保种培育亲本虾，并种植一季中稻；或3月中旬至4月上旬投放规格为5厘米左右的虾种，4月中旬至5月底养殖商品虾，6月至9月留种保种培育亲本虾，并种植一季中稻。进而实现小龙虾在稻田中自繁、自育、自养，水稻种植与小龙虾养殖的循环轮替。

58. "虾稻共作"概念的由来是什么？

虾稻共作是属于一种种养结合的养殖模式，即在稻田中养殖小龙虾并种植一季中稻，在水稻种植期间小龙虾与水稻在稻田中同生共长。

小龙虾的稻田养殖在湖北起始于21世纪初，湖北省水产技术推广总站和潜江市水产技术推广中心两级水产科技人员历时4年，总结和提炼出"虾稻连作"模式，即种一季稻，养一季虾。2005年，"虾稻连作"技术作为湖北省渔业科技入户的主推技术开始在全省推广。

在此后的四五年里，这种稻香虾肥、增产增收的"钱"景，吸引着越来越多的农民参与其中，湖北省"虾稻连作"的面积一度达到300多万亩。但到2009年，这种模式出现了一些问题：小龙虾商品规格偏小，市场价格低，养殖户的效益差，一些农民的积极性受挫，小龙虾加工企业原料严重不足，甚至出现了"小龙虾种质严重退化"的声音。带着这些问题，笔者带领技术人员调研了16个县（市）后认为，出现上述问题的主要原因是，推广速度太快，技术服务跟不上，致使农民在种养过程中出现了以下几个方面的问题：

（1）投放虾种的时间晚（10月份），捕捞商品虾的时间早（4月中旬开始捕捞，5月上旬捕捞结束），小龙虾的有效生长时间不到2个月。因此，上市的商品虾中30%左右的为30克以上的大虾，30%左右的为20克左右的中虾，还有30%左右的为不值钱的15克以下的小虾。

（2）大多农民采用人放天养的养殖方式，小龙虾因饵料不足而使其个体偏小。

（3）养虾和种稻的经营主体分离，养虾的农户10月份才能拿到稻田，5月中旬必须将稻田交出去，客观上限制了放种和起捕的时间。

（4）有的农户在没有学习和了解"虾稻连作"技术的情况下，盲目上马。还有虾种紧缺、运输成活率不高、虾种质量差等问题。

为了推动湖北小龙虾产业的健康发展，笔者带领技术人员调研了16个县（市），在着重分析了技术层面原因后，2010年提出了在"虾稻连作"的基础上进行"虾稻共作"试验的技术思路，即"虾稻连作"＋"虾稻共作"的生产模式。在此后五年里，随着农民和科技人员的不断摸索，稻田养虾的技术模式在创新中日渐成熟完善。同时，笔者还在稻田里进行小龙虾生态繁育取得成功，从而形成了一套"虾稻连作"＋"虾稻共作"的"虾稻生态种养技术"，即"一季稻，二季虾，经营主体不分家"的"虾稻共作"模式。最重要的是这种模式实现了小龙虾在稻田中的自繁、自育、自养，很好地解决了小龙虾产业发展中的苗种瓶颈问题。湖北省鄂州市万亩湖小龙虾专业合作社通过应用该技术，2000多亩虾稻共作稻田每年可出售大规格小龙虾虾种 50 万千克左右。虾种销往湖北的潜江、天门、仙桃、黄石、黄冈、武汉等地，还远销湖南、安徽、江西等省。

2015 年，湖北省小龙虾产量达 43.3 万吨，占全国产量 72.3 万吨的 59.9%，这样的占比才形成了"世界龙虾看中国，中国龙虾看湖北"的格局，也奠定了湖北在全国龙虾产业的地位。2015 年全省的虾稻共作面积达到 300 万亩，产小龙虾 27.5 万吨，为农民增收近百亿元。小龙虾综合产值达 609 亿元，是湖北省单一水产品种产值突破百亿元大关的第一个品种。

通过"虾稻共作"，湖北小龙虾产业已形成了集养殖、繁育、加工、流通、餐饮、出口、节庆、旅游、电商于一体的小龙虾产业发展体系，全省现有流通经纪人 1 万余人，虾店、虾餐馆近 2 万家。

59. "虾稻共生"与"虾稻共作"两个概念有什么区别?

"虾稻共生"其实是一个理论性的概念，即稻田养虾、虾养稻，虾稻共生。表述的是它们在同一生态系中共生互利的一种物质间的生存关系，因而不能将其称之为"虾稻共生技术"或"虾稻共生"模式；"虾稻共作"是一个技术性的概念，指在同一稻田中同时种植水稻和养殖小龙虾的生产方式。即在稻田中种植一季中稻的同时养殖一季小龙虾，在水稻种植期间小龙虾与水稻在稻田中同生共育。表述的是依据"虾稻共生"原理，在同一生态系中同期从事小龙虾和水稻两个物种的生产，因而它是一种生产技术，也可以称为生产模式。

60. 虾稻共作模式的稻田怎么选?

养虾稻田应是生态环境良好、远离污染源、不含沙土、保水性能好的稻田,并且水源充足、排灌方便、不受洪水淹没。面积大小不限,一般以 40 亩为宜。

61. 稻田如何布局?

虾稻共作基地应连片集中建设,按照科学、适用、美观的指导思想和资源利用、效益联动的原则,科学规划、合理布局。一般每 40 亩左右稻田为一个建设单元,每两个单元为一个承包体。在两个单元之间建造 50 米² 左右的生产用房,生产用房两端为稻田机械通道。

62. 虾稻共作模式稻田工程怎么建?

(1) 挖沟 沿稻田田埂外缘向稻田内 0.5~1.0 米处,开挖环形沟,沟宽 3.0~4.0 米,沟深 0.8~1.0 米。稻田面积达到 100 亩的,还要在田中间开挖"十"字形田间沟,沟宽 1.0~2.0 米,沟深 0.8 米。

(2) 筑埂 利用开挖环形沟挖出的泥土加固、加高、加宽田埂。田埂加固时每加一层泥土都要进行夯实,以防渗水或暴风雨使田埂坍塌。田埂应高于田面 0.8~1.0 米,埂宽 5.0~6.0 米,顶部宽 2.0~3.0 米。

(3) 防逃设施 稻田排水口和田埂上应设防逃。排水口的防逃网应为 40~80 目的网片,田埂上的防逃网应用水泥瓦或塑料钙板作材料,防逃网高 40 厘米。

(4) 进排水设施 进、排水口分别位于稻田两端,进水渠道建在稻田一端的田埂上,进水口用 60~80 目的长网袋过滤进水,防止敌害生物随水流进入。排水口建在稻田另一端环形沟的低处。按照高灌低排的格局,保证水灌得进、排得出。

63. 稻田怎样消毒？

稻田改造完成后，第一年环沟内要进行消毒，消毒用生石灰 100～150 千克/亩带水 20 厘米进行消毒，杀灭敌害生物和致病菌，预防小龙虾疾病发生，第二年后因为沟内留有亲虾，应选用鱼滕精或茶饼汁进行消毒。

64. 稻田中如何种植水草？

虾沟消毒 3～5 天后，在沟内移栽水生植物，如伊乐藻、水花生等，栽植面积控制在 30%～40%。

65. 稻田中如何投放有益生物？

在虾种投放前后，沟内再投放一些有益生物，如水蚯蚓（投 0.3～0.5 千克/米^2）、田螺（投 8～10 个/米^2）、河蚌（放 3～4 个/米^2）等。既可净化水质，又能为小龙虾提供丰富的天然饲料。

66. 稻田怎样施肥？

插秧整田前施足底肥，一次性投施腐熟的农家肥（猪、牛、鸡粪）100～200 千克/亩。追施腐熟的农家肥用量为 50～100 千克/亩。

67. 虾稻共作模式怎样放种？

（1）投放亲虾养殖模式 初次养殖的 8 月下旬至 9 月上旬，往稻田的环形沟和田间沟中投放亲虾，每亩投放 20～30 千克，已养的稻田每亩投放 5～10 千克。

①亲虾的选择 按亲虾的标准进行选择，参考小龙虾人工繁殖。

②亲虾来源 亲虾应从养殖场和天然水域挑选。

③亲虾运输 挑选好的亲虾用不同颜色的塑料虾筐按雌雄分装，每筐上面放一层水草，保持潮湿，避免太阳直晒，运输时间应不超过10小时，运输时间越短越好。

④种植水草 亲虾投放前，环形沟和田间沟应移植30%～40%面积的水生植物。

⑤亲虾投放 亲虾按雌、雄比例（2～3）：1投放。投放时将虾筐反复浸入水中2～3次，每次1～2分钟，使亲虾适应水温，然后投放在环形沟和田间沟中。

（2）投放幼虾养殖模式 投放幼虾模式有两种：①9—10月份投放人工繁殖的虾苗，每亩投放规格为2～3厘米的虾苗1.5万尾左右；②在3月下旬至4月上旬投放稻田或池塘繁育的幼虾，每亩投放规格为5～6厘米的幼虾5 000尾左右。

68. 虾稻共作模式的水稻如何栽培？

（1）水稻品种选择 养虾稻田一般只种一季中稻，水稻品种要选择叶片开张角度小，抗病虫害、抗倒伏且耐肥性强的紧穗型品种。还有口感、生育期要作为重要标准。

（2）整田 稻田整理时，田间如存有大量小龙虾，为保证小龙虾不受影响，应采用围造小田埂的方法，即在靠近虾沟的田面一边，围上一周高20厘米、宽30厘米的小田埂，可以将田面与环沟分开，以避免整田时的泥浆水进入环沟影响小龙虾。

（3）秧苗移栽 秧苗一般在6月上、中旬移栽，采取浅水栽插，条栽与边行密植相结合的方法。

（4）水位控制 7—9月份，除晒田期外，稻田水位应控制在25厘米左右。

（5）合理施肥 为促进水稻稳定生长，保持中期不脱力，后期不早衰，群体易控制，在发现水稻脱肥时，建议施用既能促进水稻生长、降低水稻病虫害，又不会对小龙虾产生有害影响的生物复合肥（具体施用量参照生物复合肥使用说明）。其施肥方法是：先排浅田水，让虾集中到环沟中再施肥，这样有助于肥料迅速沉淀于底泥并被田泥和禾苗吸收，随即加深田水至正常深度；也可采取少量多次、分片撒肥或根外施肥的方法。严禁使用对小龙虾有害的化肥，如氨水和碳酸氢铵等。

（6）科学晒田 晒田总体要求是轻晒或短期晒，即晒田时，使田块中间不陷脚，田边表土不裂缝和发白。田晒好后，应及时恢复原水位，尽可能不要晒得太久，以免导致环沟小龙虾密度因长时间过大而产生不利影响。

69. 虾稻共作模式怎样搞好饲养管理？

（1）投饲 8月底投放的亲虾除自行摄食稻田中的有机碎屑、浮游动物、水生昆虫、周丛生物及水草等天然饲料外，宜少量投喂动物性饲料，每日投喂量为亲虾总重的1％。12月前每月宜投1次水草，施1次腐熟的农家肥，水草用量为150千克/亩，农家肥用量为每亩100～150千克。每周宜在田埂边的平台浅水处投喂1次动物性饲料，投喂量一般以虾总重量的2％～5％为宜，具体投喂量应根据气候和虾的摄食情况进行调整。当水温低于12℃时，可不投喂。第二年3月份，当水温上升到16℃以上，每个月投2次水草，施1次腐熟的农家肥，水草用量为100～150千克/亩，农家肥用量为50～100千克/亩，每周投喂1次动物性饲料，用量为0.5～1.0千克/亩。每日傍晚还应投喂1次人工饲料，投喂量为稻田存虾重量的1％～4％。可用的饲料有饼粕、麸皮、米糠、豆渣等。

（2）经常巡查，调控水深 11—12月份保持田面水深30～50厘米，随着气温的下降，逐渐加深水位至40～60厘米。第二年的3月份水温回升时用调节水深的办法来控制水温，促使水温更合适小龙虾的生长。调控的方法是：晴天有太阳时，水可浅些，让太阳晒水以便水温尽快回升；阴雨天或寒冷天气，水应深些，以免水温下降。

（3）防止敌害 稻田的肉食性鱼类（如黑鱼、鳝、鲇等）、老鼠、水蛇、蛙类、各种鸟类及水禽等都能捕食小龙虾。为防止这些敌害动物进入稻田，要求采取措施加以防备，如对肉食性鱼类，可在进水过程中用密网拦滤，将其拒于稻田之外；对鼠类，应在稻田埂上多设些鼠夹、鼠笼加以捕猎或投放鼠药加以毒杀；对于蛙类的有效办法是在夜间加以捕捉；对于鸟类、水禽等，主要办法是进行驱赶。

70. 虾稻共作模式如何控制水位？

稻田水位控制基本原则是：平时水沿堤，晒田水位低，虾沟为保障，确保不伤虾。具体为：3月份，为提高稻田内水温，促使小龙虾尽早出洞觅食，稻田水位一般控制在30厘米左右；4月中旬以后，稻田水温已基本稳定在20℃以上，为使稻田内水温始终稳定在20～30℃，以利于小龙虾生长，避免提前硬壳老化，稻田水位应逐渐提高至60厘米以上；整田至插秧期间保持田面水位5厘米左右。插秧15天后开始晒田，晒田时环沟水位低于田面20厘米左右，晒田后田面水位加至25厘米左右，收割前的半个月再次晒田，环沟水位再降至低于田面20厘米左右，水稻收割完成、环沟消毒后7天开始灌水淹没田面30厘米。越冬前的10—11月份，稻田水位控制在30厘米左右，这样既能够让稻蔸露出水面10厘米左右，使部分稻蔸再生，为小龙虾提供天然饵料，又可避免因稻蔸全部淹没水下，导致稻田水质过肥缺氧，而影响小龙虾的生长，同时可通过阳光的作用提高稻田内水温，利于小龙虾生长；越冬期间，要提高水位进行保温，一般控制在60厘米以上。

71. 虾稻共作模式如何收获成虾？

（1）**捕捞时间**　第一季捕捞时间从4月中旬开始，到5月中下旬结束；第二季捕捞时间从8月上旬开始，到9月上旬结束。

（2）**捕捞工具**　捕捞工具主要是地笼。地笼网眼规格应为2.5～3.0厘米，保证成虾被捕捞，幼虾能通过网眼跑掉。成虾规格宜控制在30克/尾以上。

（3）**捕捞方法**　虾稻共作模式中，成虾捕捞时间至为关键，为延长小龙虾生长时间，提高小龙虾规格，提升小龙虾产品质量，一般要求小龙虾达到最佳规格后开始起捕。起捕方法：采用网目2.5～3.0

厘米的大网口地笼进行捕捞。开始捕捞时，不需排水，直接将虾笼布放于稻田及虾沟之内，隔几天转换一个地方，当捕获量渐少时，可将稻田中水排出，使小龙虾落入虾沟中，再集中于虾沟中放笼，直至捕不到商品小龙虾为止。在收虾笼时，应将捕获到的小龙虾进行挑选，将达到商品规格的小龙虾挑出，将幼虾马上放入稻田，并勿使幼虾挤压，避免弄伤虾体。

72. 虾稻共作模式如何补放幼虾？

第一茬捕捞完后，根据稻田存留幼虾情况，每亩补放 3～4 厘米幼虾 1 000～3 000 尾。

(1) 幼虾来源 从周边虾稻连作稻田或湖泊、沟渠中采集。

(2) 幼虾运输 将挑选好的幼虾装入塑料虾筐，每筐装重不超过 5 千克，每筐上面放一层水草，保持潮湿，避免太阳直晒，运输时间不超过 1 小时，运输时间越短越好。

73. 虾稻共作模式如何留存亲虾？

由于小龙虾人工繁殖技术还不完全成熟，目前还存在着买苗难、运输成活率低等问题，为满足稻田养虾的虾种需求，需要做好留种保种工作留存亲虾。留存的亲虾可在稻田中自繁自育，以解决虾稻共作稻田小龙虾苗种问题，实现小龙虾在稻田中自繁、自育、自养。具体做法是：

(1) 留种 从第二年开始留种，稻田自留亲虾约 30 千克/亩左右。操作方法：在 5 月中下旬，在稻田中放 3 米长地笼，地笼网眼规格为 1.6 厘米，密度为 3 条/亩。当每条地笼商品虾产量低于 0.4 千克时，即停止捕捞。剩下的克氏原螯虾用来培育亲虾。

(2) 保种 整田时，在靠近虾沟的田面一边，围上一周高 20 厘米，宽 30 厘米的小田埂，将环沟和田面分隔开，以利于田面整理，并可为小龙虾繁殖提供更多的打洞场所（彩图 17）。

(3) 种质改良 为了保证小龙虾的优良生长性状，避免因近亲繁殖造成种质退化，应定期补种，具体做法是：每3年在8月下旬至9月初，从长江中下游湖泊中选购40克/只以上的大规格亲虾投放到稻田中，投放量为5千克/亩左右。

74. 何谓"鳖虾鱼稻共作"？

所谓"鳖虾鱼稻共作"，即通过运用生态经济学原理和现代生物技术手段，构建稻田鳖虾鱼稻共生系统，选用优质水稻品种与甲鱼、小龙虾、花白鲢及螺蚌等水生动物品种共育。利用小龙虾的摄食与活动实现秸秆还田；利用甲鱼的摄食与活动清除杂草、疏松土壤、和泥通风，甲鱼和小龙虾的排泄物为水稻提供优质的有机肥料；利用花白鲢及螺蚌清洁水质，同时为甲鱼和小龙虾提供优质的天然饵料；稻田生境最符合所选择的水生动物的生活习性，是它们极佳的生活与生长的环境，因而水生动物能在稻田中能健康生长；通过水生动物捕食和调节稻田水位控制水稻虫害，结合频振杀虫灯的使用，实现水稻病虫害的绿色防控，实现化肥和农药的零使用；通过物质能量的循环利用，使稻田生态系统的结构和功能得到优化，从而实现"全年候生产和全生态种养"，即一年内，稻田内可生产一季虾、一季稻、一季鳖，使稻田一收变三收，产品均为绿色或有机食品，每亩效益可达万元以上。

75. "鳖虾鱼稻生态种养'三高'技术"的含义是什么？

该技术实际上是"虾稻连作"与"鳖虾鱼稻共作"两种模式的耦合技术，更是"双水结合"即水稻与水产结合、"双技结合"即水稻种植技术与水产养殖技术结合、重建农业生态的典范模式。

它的基本含义是：全年候生产和全生态种养。

(1) 全年候生产 前一年10月份至次年5月份利用冬闲田养殖小龙虾，实现秸秆还田，生产一季小龙虾，6—9月份鳖虾鱼稻共作，生产鳖、虾、鱼、稻，以充分挖掘稻田生产潜能，实现物质循环利用。

(2) 全生态种养 整个生产过程不使用任何肥料和农药，且鳖、虾的饲料完全使用天然饵料。

通过"双水结合"的生物工程技术，修复稻田生态，使农业生态得到重建，使我们的农村成为一个生态文明，环境友好的美丽家园。同时，面向高端市场，生产高端产品即有机大米和有机水产品。

76. "鳖虾鱼稻生态种养'三高'技术"的由来？

我国是一个农业大国，也是一个人口众多的国家。水稻是我国的主要粮食作物，过去常靠施用大量化肥、农药来获得高产，以解决13亿人口的口粮问题。这样一种稻作方式，不仅效益低、大米的品质安全得不到保障，还加剧了稻田的土壤板结和环境污染。

笔者在从事"虾稻共作"技术的研究过程中，已使稻田农药使用量平均减少48.4%，化肥使用量平均减少62.9%。笔者进一步设想，如果将该技术进一步拓展，能不能在不使用化肥和农药的情况下种好水稻呢？于是，笔者设计构想了"鳖虾鱼稻生态种养'三高'技术"这个课题，并进行了四年的潜心研究，才有了今天的成果。

77. "鳖虾鱼稻生态种养'三高'技术"的创新点有哪些？

"鳖虾鱼稻生态种养'三高'技术"的创新点主要有两点：

(1) 生产理论创新 本技术利用农业生态学原理构建稻田鳖虾鱼稻共生系统，通过人为种植、养殖、水位调控等配套措施，调节系统内种群数量，以实现提高系统生产力和降低投入的目标。该模式采用水稻宽行窄株栽培模式、挖环形沟等措施，人为构建鳖、虾、鱼种群生境和活动生态廊道，通过动物的觅食活动控制水稻病虫害的发生。具体利用小龙虾捕食二化螟、三化螟、大螟等越冬害虫及微生物，降低病虫草害基数；次年水稻移栽返青后，实行鳖、虾、鱼、稻共育，利用鳖、虾、鱼消灭田间杂草，捕食各类螟虫及稻飞虱等害虫，同时鳖、虾、鱼在稻丛间穿梭觅食，和泥通风，降低纹枯病等病害的发生；6—8月份安装频振灯诱杀各类害虫，降低田间落卵量。通过鳖、虾、鱼、灯综合防治病虫草害，减少农药使用量，生态环境得到了很好的保护，达到了绿色防控的目的。该模式丰富了农业生态理论的内涵，其中构建稻田鳖虾鱼稻多种群共生系统的理论具有原始创新性。

（2）水稻栽培和水产养殖技术创新　首次构建鳖、虾、鱼、稻等多元配置的稻田生态系统，在配套水稻栽培上采用宽行窄株轻简化模式，为水产生物提供适宜的生活环境，通过人为控制鳖、虾、鱼的数量和投放与收获时间，协调生物种群发展与食物量物质流；充分利用生物捕虫、代谢物增加土壤养分、水层活动增氧、除草等，减少化肥和农药的投入，提高水稻品质。本模式通过水稻栽培技术和水产养殖技术的互相配合、相得益彰，在技术层面上具有原始创新性。

78. "鳖虾鱼稻生态种养'三高'技术"的先进性怎样？

2014 年 8 月 19 日，湖北省科技厅在武汉组织召开了由湖北省水产技术推广中心（现更名为湖北省水产技术推广总站）完成的"鳖虾鱼稻生态种养'三高'技术研究"项目科技成果鉴定会。鉴定委员会形成如下鉴定意见：该项目通过虾稻连作与鳖虾鱼稻共作两种技术的耦合，冬春两季生产小龙虾，夏秋两季生产鳖、虾、鱼、稻，同时将投喂的天然饵料、稻田里的杂草、害虫及其他生物转化为稻田的均衡肥料。鳖的活动，疏松土壤、清除杂草，使稻株上的害虫掉入水中而食，配合频振杀虫灯的使用，水稻健康生长不发病。整个生产过程不使用化肥、鱼药和农药，水稻和水产品均未发病，实现了生物技术和物理方法相结合的绿色防控。在国内外首次突破了化肥和农药在水稻种植中的零使用，实现了"全年候生产"和"全生态种养"。

该项目研究的环沟与稻田面积比控制在 8％～10％等技术指标优化了田间工程，增强了稻田防涝抗旱作用。种养后稻田土壤中氮元素含量明显提高，稻谷内主要重金属含量和稻谷垩白粒率明显下降，农产品品质优良，稻田生态修复效果明显。

该项目通过科学配置水产养殖品种、优化田间工程、绿色防控病虫害等核心技术运用，稻田亩平综合效益达到 10 000 元以上，分别为单一种植水稻和虾稻连作综合效益的 12 倍和 6 倍以上；亩稻田节约化肥和农药施用成本 173 元。该模式是一种生态循环农业的好模式，对解决粮食质量安全和水土生态环境安全具有积极意义，对建立资源节约型、环境友好型社会将产生重大而深远影响，经济效益、社会效益和生态效益显著。

项目形成并制定的省级标准《鳖虾鱼稻生态种养技术规程》(DB42/T 1008—2014)，对指导和规范鳖虾鱼稻生态种养，提升稻田生态种养技术水平，助推农业稳粮增效将起到积极促进作用。项目首次提出并实践了"全年候生产，全生态种养"理论，试验结果实现了高产、高质、高效，具有很强的创新性和实用性。鉴定委员会一致认为：该成果的整体技术达到国际领先水平。

79. "鳖虾鱼稻生态种养'三高'技术"的重大意义有哪些?

"鳖虾鱼稻生态种养'三高'技术"的重大意义有以下几点：

(1) 保障粮食安全的需要 由于目前种粮效益较低，农民种粮积极性受到一定影响。提高种植业经济效益，稳定农民种粮积极性，已经成为各级政府关心的热点、社会的焦点、生产的难点。鳖虾鱼稻生态种养"三高"技术可以使稻田综合经济效益大大提高，稳定水稻生产，甚至还能扩大水稻种植面积，保障国家粮食安全。

(2) 保障食品安全的需要 水稻产品质量的安全隐患主要是药物残留，鳖虾鱼稻生态种养"三高"技术因减少了稻田农药和化肥的使用，有效降低了稻田水体、土壤及其产品的农药残留量，生产的粮食基本为绿色食品或有机食品。这不仅可以保证粮食的数量安全，还保证了粮食的品质安全和食用安全。

(3) 促进农民增收的需要 鳖虾鱼稻生态种养"三高"技术的综合效益极为显著。"鳖虾鱼稻"模式亩均产值达 16 847.3 元，亩均纯收入达 11 206.7 元，是单一种植水稻亩均效益的 10 倍。

(4) 促进耕地可持续利用的需要 水稻是我国的第一大粮食作物。据调查，2000 年我国化肥施用量高达 4 124 万吨，平均每亩达 26.7 千克以上。化肥的过量使用，导致了用地不养地、土壤贫瘠化和环境污染。实施稻田生态种养，养殖的水生动物的粪便代替了化肥的使用，这些动物粪便不仅为水稻的生长提供了优质高效的肥料，而且能改善和提高地力，降解直至消除土壤中的农药残留和重金属，逐步修复稻田土壤和生态，促进耕地的可持续利用。

(5) 改善农村卫生条件和环境的需要 稻田是蚊子的滋生地，甲鱼、小龙虾、鱼类不仅吞食水稻的病害虫，而且能吞食蚊子幼虫——孑孓，这对抑制农村疟疾病的流行将发挥重要作用。

此外，甲鱼、小龙虾还能大量消灭稻田中的螺类，特别是钉螺，从而大大减少血吸虫病的中间媒介，有利于南方血吸虫病的防治。在田块中设置诱虫灯，还可减少 48.8% 的昆虫量，从而使稻田及农村的卫生条件和生态环境得到大大改善。

(6) 推进农业现代化的需要 十七大提出了土地流转问题，为建立新的经济组织创造了良好条件。而且中央明确规定，土地流转后，其功能不能变。也就是说，原来的基本粮田流转后，必须要种粮食。目前各地的政策偏差就在于此。其主要原因是：由于搞单打一的粮食生产，效益低，土地无法流转。

目前稻田的土地转让费一般 500～800 元/亩，而单靠种植水稻，效益也只有 500～800 元/亩。而鳖虾鱼稻生态种养"三高"技术，其核心就是"粮食不减产，效益翻几番"，这就为土地流转创造了良好条件。只有通过土地流转，将分散的土地集中起来，将农民联合起来，实行区域化布局、规模化开发、标准化生产、产业化经营、专业化管理、社会化服务，才能不断提高稻田的综合生产能力，这才属于现代农业的范畴。

各级政府已认识到，要提高农民从事种植业的积极性，单依靠粮食补贴不能从根本上解决问题，关键要调整农业单一的种植结构——研究"水稻＋n"的产业结构。要求既要粮食不减产，又要增加稻田的经济效益。在这个"n"中，甲鱼、小龙虾、河蟹、泥鳅、黄鳝等的养殖已成为首选之一。发展稻田生态种养技术，可以解决这些生产上的难点问题。

80. "鳖虾鱼稻生态种养'三高'技术"有哪些特点？

（1）稻田由单一的稻作生态系统转变为稻、鳖、虾、鱼的复合生态系统，实现了"一水两用、一地多收"，不仅提高了土地和水资源的利用率，而且稳定了农民的种粮积极性，对于确保我国基本粮田的稳定，确保粮食安全战略具有重要意义。

（2）采用种养结合，构成"鳖、虾、鱼、稻共生"系统，通过保持和改善生态系统的动态平衡，努力提高太阳能的利用率，促进物质在系统内的循环和重复利用，使之成为资源节约型、环境友好型、食品安全型的产业，产品为无公害的绿色食品或有机食品。

（3）"生态种养"倡导的是"生态"理念，即全生态种养。要求整个种养过程中，不施化肥，不用农药；养殖动物的饵料只用天然的，如白鲢、小杂鱼、田螺、河蚌、动物内脏、谷物、水生植物等，不用配合饵料。它的目标是通过水产养殖修复稻田生态，使稻田生态得到重建，稻田里能够长久地生产出优质、安全的大米和水产品。

（4）多学科、多行业大联合。项目由湖北省水产技术推广中心联合华中农业大学、浙江大学、中国水稻研究所、湖北省农技推广总站等单位的水稻专家、生态专家共同研发。

（5）农民组织化程度高，连片作业，规模经营，实行合作化、企业化、产销一体化。农民从自给自足的农耕社会一跃成为现代农业的组成部分。

（6）稻田的单位面积产量、单位面积效益和产品质量"三高"。鳖虾鱼稻生态种养"三高"技术具有"双水"（水稻与水产）结合、生态种养、立体开发、循环利用、节能环保、产品"三高"（高产、高质、高效）等诸多优点，是一种生态循环农业、生产有机农产品的典范模式。

81. "鳖虾鱼稻生态种养'三高'技术"有哪些特殊功能与特殊功效？

"鳖虾鱼稻生态种养'三高'技术"的特殊功能可以用"十大功能"进行高度概括：①修复稻田生态，②稳定或扩大粮食种植面积，③拓宽渔业发展领域，④保障国家粮食的数量安全与质量安全，⑤提高稻田防涝抗旱能力，⑥提高稻田土地的生产能力，⑦促进农民增收，⑧节约资源，⑨改善农村生态环境及卫生条件，⑩促进土地流转和经济合作组织的发展。

"鳖虾鱼稻生态种养'三高'技术"的特殊功效可以概括为 $1+1=10$，即水稻＋水产＝粮食安全、食品安全、生态安全、卫生安全、地力增强、产业化增强、品牌效应增强、合作组织增强、农民增收、农业增效。

82. 鳖长什么样？

鳖的形态似龟，呈椭圆形或圆形，体表覆盖柔软的革质皮肤。躯体有背、腹二甲：背甲呈卵形，扁平，中央线有微凹沟，两侧稍微隆起；腹甲比背甲小，由七块不同样式的骨板组成，各骨板间有间隙。鳖的背腹甲与龟的背腹甲存在明显的差异；鳖甲的表皮是软组织，不形成角质盾板，只有真皮形成骨质性的骨板；而龟的背腹甲是由角质性的表角皮盾板和骨质性的真皮骨板所构成。鳖体周边具有胶质的裙边，细腻味美。鳖的头较大，头的前端突出为吻。吻长，呈管状。两个鼻孔着生在吻的前端，便于伸出水面呼吸。口宽，口内无齿，有颌，颌缘覆有角质硬鞘，行使牙齿的功能，可以咬碎坚硬的螺类等。颈长且能收缩，伸长后头颈可达甲长的 80%。头伸向背一侧时，嘴尖可以触及后肢部。四肢粗短，每肢有五个趾，内侧三趾有锐利如钩的爪，便于在陆地上爬行、攀登和凿洞。趾间有蹼相连。雌雄鳖在外观上有明显区别：雄鳖尾长，能自然伸出裙边外；雌鳖尾短，与裙边持平或稍露出裙边。这是主要的区别标志。此外，还可以从其他特征加以区别，将在后面详述。鳖体背面呈暗绿或黄褐色，腹面白里透黄，这是由于表皮和真皮里含有色素细胞，背面黑色素细胞居多，夹有黄色素和红色素细胞，腹部主要是黄色素和红色素细胞。同一种鳖，往往因栖息环境不同而导致色素细胞变化，使体色呈现出不同的保护色。一般鳖的背部在黄绿色的肥水中呈黄褐色，在清绿的水中呈浅绿色，在用温棚加温饲养的肥水中呈暗黑色，腹部呈乳白色或黄白色。稚鳖、幼鳖腹部呈浅红色。

83. 鳖的生活习性有哪些?

鳖是主要生活在水中的爬行动物,喜欢栖息在底质为砂性泥土的河流、湖泊、池塘、沟港等水域中。鳖性情怯弱,怕冷喜温,风雨天居于水中,温暖无风的晴天爬上岸边的沙滩上晒太阳。环境宁静、没有危险感觉时,它可以长时间在陆地上沐浴阳光,此时可见到鳖舒展着四肢及颈部,任阳光照晒,让其背甲、腹甲以及整个体表的水分晒干,鳖体晒暖。鳖的这一行为称为"晒甲"或"晒盖"。晒甲是鳖的一种特殊生理需要,有取暖和杀菌洁肤的作用。鳖长期生活在水中,体表经常附着各种病菌和寄生虫,以及青苔、污秽等,通过晒甲可使这些病菌、寄生虫、青苔、污秽等晒干脱落,防止鳖病和生理障碍的发生。鳖是变温动物,对外界环境温度变化十分敏感,体温的高低直接关系到它的活动能力和摄食强度,所以它的生活规律与外界温度变化有着十分密切的关系。在露天池中(采用自然水温进行养殖),10月至翌年4月份,大约半年时间(水温降至12℃以下时),鳖会潜入池底的泥沙中进行"冬眠"。冬眠期的鳖,不食、不动、不长,看上去好像完全静止(假死)。在半年的冬眠中,鳖为维持生命的需要,要消耗体内营养物质,体重减轻。水温超过35℃时,鳖的摄食能力也减弱,有伏暑现象。据试验证明,鳖的冬眠并非遗传所决定,而是动物体对不良环境的一种保护性的适应,低温来临,其代谢水平降至最低程度,以致呈昏睡和麻痹状态,借此减少能量的消耗,保存自己;一旦温度适宜,就"起死回生",从外界摄取食物,营造自身。鳖用肺呼吸,时而浮到水面,伸出吻尖呼吸空气,时而沉入水底泥沙中。一般3~5分钟呼吸一次,温度越高,出水呼吸越频繁。鳖的呼吸主要依靠腹壁肌肉交替收缩以及通过附肢的活动改变内脏器官对肺组织的压力来进行;当鳖潜入水底泥土里进行冬眠时,还能依靠其咽喉部的鳃状组织进行呼吸。

野生鳖以摄食动物性饵料为主,在人工集约化养殖的情况下,除投喂动物性饵料外,主要投喂人工配合饲料。一般来说,稚鳖喜食水生昆虫、蚯蚓、水蚤、蝇蛆等;幼鳖及成鳖喜欢摄食螺、蚌、鱼、虾、动物尸体和动物内脏等，在动物性饵料不足时，也摄食瓜菜、谷物等植物性饵料。鳖性贪食且残忍，在高密度饲养条件下，当缺乏饵料时会互相残杀，即使是刚孵出不久的稚鳖亦会互相残杀。鳖在摄食过程中，不主动追袭食饵，只是静等食饵降临，往往潜伏水底蹑步、潜行，待食饵接近，即伸颈张嘴吞之。

84. 鳖的繁殖习性有哪些？

鳖为雌雄异体，雌体有左右对称的卵巢，雄体有左右对称的精巢。已经达性成熟年龄的鳖每年 4—5 月份当水温达 20℃以上时开始发情交配。交配在水中进行，行体内受精。据资料介绍，鳖的精子通过雌雄交配进入雌性输卵管中，能保持存活并具有受精能力的时间可达半年以上，雌鳖分批产的卵都能受精。这种特性对繁殖苗种是有利的，即饲养的亲鳖中雌体数量可多于雄体，有利于提高经济效益。鳖在雌雄交配后 20 天左右产卵，为一般 5 月份开始至 8 月份结束，多次产卵。在热带地区，鳖不需冬眠，可常年产卵。产卵通常在夜间进行，尤其在雨后的傍晚地面潮润时，雌鳖由水中上岸选择疏松的沙土环境挖穴产卵。鳖类只有雌性离水上岸挖穴营巢的行为，而无护卵天性，雌性产卵后，即扬长而去不复返。鳖卵产出后，颜色均一，圆形白色。卵径大小悬殊，直径 1.5～2.1 厘米，重 2.3～7.0 克。卵的大小决定于亲鳖的体重。据湖南师范大学生物系与湖南汉寿县特种水产研究所试验：雌鳖的个体大（1.5 千克以上），产卵的数量多，卵子的重量大（5～7 克），雌鳖的个体小（0.75 千克以下），产卵的数量少，卵子的重量也小（2.2～2.5 克）。受精卵一定要埋没在含水量适当的砂粒中，胚胎才能进行发育，潮湿的砂粒可以调节温度的稳定，在砂粒空隙间形成的水珠又是气体交换的媒介。卵的孵化天数决定于砂粒温度的高低。在自然温度上孵化期一般为 40～70 天。孵化后的稚鳖，经过 1～3 天脐带脱落，由孔穴中爬出地面，寻找生活水源，进入水中。

85. 鳖的生长特征是什么?

(1) **鳖在不同饲养阶段的生长速度不同**　刚孵化脱壳的稚鳖(3～5 克)至 50 克前,生长缓慢,在适宜温度和人工饲养条件下,日增重一般小于 0.5 克;当个体达 50 克以上时,生长速度加快;当个体重量达到 100 克时,生长速度明显加快,日增重量可达 2 克以上。了解鳖的生长特征对在生产实践中,如何把握好鳖的个体生长规律,以及根据季节变化,促其快速生长具有重要的意义。刚刚孵化脱壳后的稚鳖,体小,娇嫩,觅食能力差,在自然条件下还受气温和水温的影响。这个阶段的饲养,既要重视优质饲料的投喂,又要考虑加温饲养,让稚鳖的个体重量早日达到 50 克水平,俗称"过 50 克关"。当鳖个体重量达 50 克以上时,主要是重视饲料的质和量,加强饲养和水质管理。这样使孵化脱壳后的稚鳖经一年左右时间即可达到商品规格(400～750 克)。

(2) **个体之间生长速度有明显的差异**　即在相同的饲养条件下,同源稚鳖经历相同的饲养时间,不同个体的生长速度存在着很大的差异。据湖南省 1988—1989 年进行的试验证明,在同一饲养条件下,孵化脱壳的稚鳖(个体均重 4.2～4.5 克),经过 12～13 个月的饲养,全部起捕个体均重 308.4～342.3 克,最大个体重量为 1 000 克,最小个体重量为 48 克,大小相差 20 倍。出现这种差异的原因,与鳖受精卵的大小和鳖争食能力强弱有密切关系。因此,在鳖的养殖生产实践中,一要重视亲鳖的选育,保证繁育体质健壮的稚鳖;二是定期按鳖的体重、规格分级分池饲养,尤其在集约化控温养鳖生产中,从稚鳖开始,就必须严格地将大小鳖分开饲养,并不断地调整,尽量将规格、体重一致的鳖放在同一池内饲养,种养既能保证鳖生长迅速,又能使鳖出池规格整齐。

(3) **不同性别、不同体重阶段生长存在明显差异**　鳖体重在100～300 克,雌性生长快于雄性;300～400 克,两者生长速度相近;400～500 克,雄性生长快于雌性;500～700 克,雄性生长速度几乎比雌性快 1 倍。

86. 鳖对环境条件的要求是什么？

(1) 水温 鳖是喜温动物，适宜鳖摄食和生长的水温为 25～32℃，最适水温为 30℃。鳖在 30℃水温中生长最快，饲料利用率最高，饲料报酬也最好。在 20～25℃水温下鳖摄食量明显减少；低于20℃几乎不摄食。尤其在加温饲养下，已经习惯了高水温的鳖，其摄食的水温范围更窄。水温超过 35℃，摄食能力也减弱，有伏暑现象。

(2) 水质 鳖虽然用肺呼吸，但它大部分时间生活在水中，水质的好坏依然直接影响着它的生长效果。因此，用于养鳖的水体，要求水质无毒、无污染，pH 在 7～8，含氧量 4～5.5 毫克/升，氨含量不超过 50 毫克/升。水中浮游生物要求生长繁茂，透明度在20～25 厘米，并使水保持绿色。绿色的水使鳖置于隐蔽状态下，有利于减轻鳖互咬，提高成活率。鳖的耐盐力差，据日本资料报道，盐度在 15 以上，24 小时以内全部死亡；盐度在 10，9 天后全部死亡；盐度在 5 以下可以生存 4 个月。因此，养鳖用水盐度必须在 5 以下。

(3) 底质 根据鳖的生活习性，养鳖的饲养池，底部要敷设一层泥沙。泥沙不仅可以净化水质，更重要的是作为鳖的栖息场所。鳖每天除了摄食、晒背等活动外，大部分时间都潜伏于泥沙中。敷设在池底的泥沙，在常温（即室外）养殖池中，以带砂性的泥土为好，这种泥土，长时间使用仍柔软，鳖钻潜时不易受伤。而集约化控温养殖鳖池底，最好敷设河沙，因为这种砂石中泥土少，换水和冲洗时，不易被水冲走。

87. 鳖的苗种怎么繁育？

(1) 亲鳖的选择 选择优良亲鳖是人工繁殖的物质基部。亲鳖质量的好坏能影响整个生产效益。供人工繁殖的亲鳖都应以个体肥大、健壮、无伤残、性成熟年龄适宜为标志。

①年龄及体重 亲鳖的性成熟年龄随地区和气候而不同，高温地

区生长期短，性成熟早；低温地区生长期长，性成熟晚。我国台湾省南部及海南省2～3年性成熟，华南地区3～4年，华中地区4～5年，华北地区5～6年，东北一带鳖的性成熟则在6龄以上。在自然条件下，体重不适宜作种鳖，因为个体小的亲鳖怀卵量少，产卵量少，而且产卵大小不一，受精及孵化率低，孵出的稚鳖体质差，成活率低。据资料介绍，体重2千克以上的雌鳖，在饵料丰富的情况下，产卵季节一个月产一次卵，每次20～30个，个体卵重5～7克，孵出来的稚鳖亦大些，成活率高。0.5千克的雌鳖，在饵料少的情况下，一般两个月才产一次卵，每次5～7个，卵的个体重量只有3～4克，孵出来的稚鳖只有3克左右，而且成活率低。所以，亲鳖选择得当，不但产卵量多，卵粒大，而且孵出来的稚鳖体质健壮，越冬成活率亦高。在生产实践中，一般选择性成熟后2年以上、体重0.75千克以上的鳖作为亲鳖即可。

②体质　供人工繁殖用的亲鳖，要求体质健壮，无病无伤。病伤鳖的鉴别方法简述如下。

A. 外观体表无创伤，鳖后缘革状皮肤厚，有皱纹且略坚硬者为营养良好、体质健壮鳖，反之则为劣质鳖。

B. 将鳖翻过身来，背部朝下，凡吞进针或钩的鳖一般颈部水肿，伸缩困难，翻不过身或翻身困难；而健壮的鳖，一般都可迅速翻过身来。

C. 抓住鳖的脖子，上下检摸，如鼻孔或口腔流血，说明颈部或口腔含针或钩，是受伤的鳖。

D. 将鳖放入水槽内，观其活动情况，如鳖行动活泼，反应敏捷，并能迅速潜入水底，钻进泥沙，说明体质健壮。鳖的生命力较强，一般用钩或针钩的鳖购买时活动正常，绝大多数在买回后不久即会死亡；但也有拖至半年以上才死的，故选购时须予慎重。

从外界捕获或市场上购买的野生鳖，不宜饲养，如欲作为种鳖，须经一段时间驯养，使体形肥满。因此，在有条件的地方尽可能选用养殖鳖作种鳖。

③雌雄区别　选留亲鳖，必须准确判断亲鳖的雌雄性别。雌雄鳖的鉴别主要依其外部形态如尾部、体形、背甲等特征区别（表3-9）。

表 3-9　鳖的雌雄鉴别

鉴别部位	雌鳖	雄鳖
尾部	较短，不能自然伸出裙边外或外露很少	较长，能自然伸出裙边外
体形	圆	稍长
体高	高	隆起而薄
背甲	呈卵圆形，前后基本一致	呈长卵圆形，后部较宽
腹部中间的软甲	十字形	曲玉形
后肢间距	较宽	较窄
体重	同龄小于雄性约 20%	同龄大于雌性约 20%
生殖孔	产卵期有红肿现象	产卵期无红肿现象

上述各项特征，以尾部的长短最为显而易见，是区分雌雄鳖的主要标志。

(2) 亲鳖的培育　亲鳖培育是人工繁殖工作的开端，加强亲鳖培育是提高鳖卵孵化率的首要条件。在亲鳖的培育过程中应重点抓好池塘清整、雌雄比例和放养密度以及饲养管理等工作。

①池塘清整　池塘是鳖的生活场所，其环境条件良好与否，直接影响到鳖的生长和生活，因此，改善池塘环境条件，是提高鳖的成活率的一个重要环节。池塘养了 2～3 年鳖后，一部分饵料残渣和鳖粪等沉积到塘底，以及雨水冲洗入池的泥土杂质，使塘底堆积大量淤泥和有机物，各种有害的致病菌和寄生虫大量繁殖，对亲鳖的生长发育都有不良影响。有机物发酵分解，产生大量的氨、甲烷、硫化氢等有害物质，危害鳖类，所以定期清塘是十分必要的。

亲鳖池的清塘可每 2～3 年 1 次。清塘时间以 10 月中、下旬为宜。过早，亲鳖摄食与活动活跃，起捕后互咬现象严重，伤口易感染，影响成活率；过迟，天气太冷，亲鳖活力减弱，往往因不能钻泥而冻死。清塘时，先将池水排干，捕出塘内亲鳖，放进暂养池暂养，然后将部分底泥和脏物挖出，塘底暴晒数日，再用药清塘。用于清塘的药物有生石灰、漂白粉、茶饼等，尤以生石灰效果最好。生石灰清塘既能杀菌消毒，又能中和酸性、改良底质以满足鳖对钙的需要。生石灰的用量一般为每亩 100～150 千克，使用时先把其化成灰浆，趁热全池泼洒。并补添一些新泥沙，而后向池内注入新水，过7~10天药性消失后把亲鳖移进。清塘后需施入一定量的有机肥料，以利鳖的生长和冬眠。每年要定期或不定期地对鳖池加以修整，如加固防逃墙，修整"晒甲"产卵场、疏通排进水渠等，以给鳖提供一个舒适安逸的生活场所。

②雌雄比例和放养密度　由于鳖的精子在输卵管内能存活半年以上且仍有受精能力，所以雄性亲鳖可适当少养，以利于提高产卵数量和经济效益。亲鳖的雌雄比例以 4：1 为宜。如果雌的太多，卵的受精率会下降；雄的过多，容易引起互咬，饲料消耗多，不利于提高苗种的生产效率。在达到性成熟年龄的前提下，雄性个体的体重最好较雌性小。亲鳖的放养密度，依亲鳖的个体大小而定，个体大则少放，个体小适当多放。一般每 1~1.5 米^{2}放养 1 只。

③饲养管理　要使亲鳖生长迅速，发育正常，产大卵，孵大苗，必须加强对亲鳖的饲养管理。亲鳖的饲养管理贯穿于整个亲鳖活动期。8月中旬亲鳖产卵刚结束，体质较弱，体内营养不足，加之温度逐步下降，亲鳖仅能利用一个多月时间摄食。且雌鳖产卵后，性腺发育很快转入下一个周期。据解剖，9月份雌鳖卵巢系数为 1.4%，到10月底迅速增长至 5%。因此，亲鳖产卵后，必须及时投喂蛋白质含量较高、营养丰富的饲料，以保证亲鳖冬眠时营养供给充足，并促使其性腺发育良好，确保来年产卵量多，体质好。10月下旬至翌年4月上旬，亲鳖进入冬眠期，应加深池水，保持水深 1.3~1.5 米，以使其安然越冬。越冬期间不要经常调换池水，以免惊扰正在越冬的鳖。为保持池水清新，一般每半个月至 1 个月调换池水 1 次，每次换水量 1/5~1/4 为宜。4月中旬，当水温达到 20℃以上时，亲鳖苏醒活动，开始发情交配，应注意水质变化，及时进行池塘消毒，适当降低水位，以提高池塘水温，并投入一定数量的活动栖息台，让其晒背，增加体温。5月上旬，水温上升 22℃以上，鳖开始觅食，此时宜投喂少量营养丰富、易于消化吸收的新鲜动物为主的饲料，以后随水温上升，再相应增加投喂量。5月下旬开始，鳖进入产卵期，除应注意投饲外，还须注意池塘水质的变化，要求池内池水保持新鲜、溶氧好，投喂蛋白质丰富、营养全面，以动物性饲料为主，辅以植物性的

饲料，以满足亲鳖对营养物质的需要，促其生长，加快发育，提早产卵，多产卵。6月中旬到7月下旬，是一年中气温最高的时期，也是鳖产卵的旺季，此时产卵量一般占全年总产卵数的80%以上。由于鳖属多次产卵型动物，因此需要从外界源源不断摄取营养，才能保证卵子的发育成熟。一方面须强化投饲，由一日一次逐步增加为2～3次；另一方面饲料营养结构要求多元化，可以螺、蚌、动物内脏、人工配合饲料为主，再适当喂些植物性饲料。日给饵量为鳖体重的6%～12%，人工配合饲料3%～5%。同时应注意池塘水质变化，因为此时鳖的活动频繁，摄食量大，排泄物多，加之天气热、水温高，池底腐殖质易腐烂分解，产生有害气体如甲烷、硫化氢等，对鳖的生长发育极为不利，因此，要经常加注新水，保持水质清新。5—9月份，须每月一次用生石灰化浆泼洒，使池水达20～30克/米^{3}浓度，以改善水质及防治鳖病的发生与流行。

(3) 交配与产卵

①交配 雌鳖与雄鳖达到性成熟以后，就有交配行为。一般到4月中旬，当水温上升到20℃以上时，雌雄亲鳖开始发情、交配。交配大都在晚上进行，行体内受精。交配前，雌雄鳖在水中潜游戏水追逐，往往是雄鳖急游追逐雌鳖，进而慢爬缠绵，互咬裙边，最后雄鳖骑在雌鳖背上，将生殖器插入此鳖生殖孔内，约5分钟时间，完成交配动作，然后各自分开。雌雄鳖的交配行为不限于产卵前的4、5月份，产卵后的秋天也有性的交配，雄性射入雌性生殖道内的精子可以长时间存活，一直到翌年5—8月份仍然保持受精力，这为亲鳖放养，雌鳖可以多于雄鳖提供了理论依据。

②产卵 雌鳖交配后约20天左右开始产卵。产卵与温度密切相关。水温28～32℃，气温25～30℃是适宜于鳖产卵的温度，故5月中旬至8月上旬是鳖的产卵季节，6月和7月份是鳖产卵的高峰。产卵通常在夜间进行，尤其在雨后的傍晚地面潮湿时，雌鳖有水中上岸选择疏松的砂土环境挖穴产卵。产卵时用前肢抓住土壤，固定身躯前部，用后肢交替挖一个直径5～8厘米，深10～15厘米的洞穴。洞穴挖好之后，鳖把泄殖孔伸入洞口产卵。产卵完毕后，用后肢将掘出的松土扒入洞穴中将卵盖住，直到填满洞口，并以腹甲压平沙面，然后

返回水中。鳖的这种行为有防止卵水分散发、阳光直射和不遭受敌害破坏的作用。

鳖对产卵位置的选择有较敏感的勘察能力。据资料报道，观察鳖的产卵场所，能预测该年的旱涝情况。如果当年有洪水，鳖就选择地势高的地方产卵，以防洪水淹卵；如果当年天旱，鳖就选择地势低的地方产卵，以防卵受干旱。这是鳖繁衍后代、保存自身的一种天性。

鳖为典型的多次产卵类型，每只成熟雌鳖一年之内在生殖季节产卵 3～5 次（窝），每次 8～15 个，也有少至 2 个或多至 20 多个的。一只雌鳖在一年之内能产多少次卵，每次产多少个卵子，个体之间存在明显的差异，这与年龄、体重、饵料和生态条件密切相关。从产卵潜力来看，体重 0.75～2.5 千克的雌鳖，在饵料和生态条件都比较正常的情况下，可以产卵 30～70 个。就目前国内的饲养水平看，实际远远达不到这个指标，一般是 20～30 个，还有比这个水平更低的。所以，产卵潜力与实际的产卵数量还存在很大的距离，需要下工夫去缩短这种距离，以期获得更好的经济效益。

（4）提高雌鳖产卵量的措施 雌鳖的产卵潜力与实际的产卵效果还存在很大的差距，怎样最大限度地减少这种差距？对亲鳖实行科学的饲养管理是实现这一愿望的关键。科学饲养管理的概念主要包括两方面的内容：一是提供足够合乎营养学原理的饵料；二是保持合理的生态条件。只有最大限度地满足这两方面的要求，才能使雌鳖的产卵量达到最大。

①投喂优质饵料 鳖是动、植物性饵料都摄食的杂食性动物，尤喜食蛋白质含量高的动物性饵料。多年的养殖实践证明，用动物性饵料饲养亲鳖，产卵开始早，产卵数量多，批数多。这是因为鳖是多次产卵类型，性腺发育是分期分批进行的，成熟一批产出一批，再发育再产出。而性腺发育速度又与亲鳖从外界摄取物的营养密切相关，从外界摄取物的营养好，性腺发育快，反之则慢。因此，饲养亲鳖应尽可能投喂动物性饵料（如螺、蚌、鱼、虾等）或人工配合饵料。动物性饵料尤其是白鲢，其动物蛋白含量高，且鳖喜食；人工配合饵料是用动物性饵料和植物性饵料混合而成的，不但动物蛋白含量高，而且营养丰富全面，经济实效。但使用人工配合饵料饲养亲鳖时，最好能

在饲料中加入一定量的鲜活饲料及南瓜叶等新鲜植物饲料，这样才能最大限度地满足亲鳖的营养需要，促使性腺迅速发育，从而提高其产卵量。

②延长光照时间　延长饲养池的光照时间亦能提高产卵量。据日本资料报道，在冬季加温（恒温30℃）条件下，为了提高产卵量，采用延长光照时间的方法获得了好效果。其方法是在温室内安装日光灯，使水面光照强度达到3 000勒克斯（相当于夏天早上7～8时和下午6～7时的光照强度），这样便把冬天的光照时间延长和夏天一样，可使鳖第一年的产卵期延长到5—10月份。采用这种方法，体重2千克的雌鳖一年产188个卵，比不用光照处理的雌鳖产卵量提高3～5倍。因此，在亲鳖的饲养期中，除要有良好的水质、底泥条件、适宜的温度，还应尽可能地改善饲养池的光照条件，以延长光照时间，增加光照度，从而提高雌鳖的产卵量。延长光照时间，为什么能增加雌鳖的产卵量，其作用机制如何？在理论上有待进一步研究。

上述论及的是提高雌鳖产卵量的外在因素，但在生产实践中，切不可忽视雌鳖的内在因素，即雌鳖的性成熟年龄、体重和体质。外因是变化的条件，内因是变化的根据，外因通过内因而起作用。因此，只有在雌鳖的性成熟年龄、体重、体质适宜的情况下，给雌鳖投喂优质饵料，延长饲养池的光照时间，才能有效地提高雌鳖的产卵量。

(5) 鳖卵的孵化

①鳖卵的采集　在产卵季节，每天早晨应仔细检查产卵场。鳖产过卵的地方，多少有点凹陷，产卵穴周围的泥土比较新鲜，因此只要在清早进行检查便容易发现。当发现产卵后，不要马上将卵粒移动，只在旁边插上标志。因为卵产后不久，此时采卵会因振动而影响胚胎发育，所以鳖卵的采集一般在产后的8～12小时为宜。

采卵时，要小心地用手将覆盖的沙子扒开。扒沙时手要轻，切不可损伤卵壳，受伤的卵壳不能孵出稚鳖。卵粒取出后，要逐一进行检查，将受精卵留下孵化，非受精卵处理（食用）。受精和非受精卵的鉴别方法：手持卵对着强光源，如卵的一端有一圆形的白色亮区，随着胚胎发育的进展和胚周区的增长，白色亮区也逐渐扩大，则证明是受精卵。如果产出的卵子无白色亮区或白色区若暗若明，又不继续扩大，则为未受精卵。经检后，将受精卵动物极（有白色的一端）向上，整齐排列在收卵箱中，移入孵化场孵化。每次产卵后，应将产卵场进行清整，把原来的产卵洞口用泥沙填满弄平，以便鳖再次产卵。干旱季节，适当洒水，使之保持湿润状态；在雨天，要使产卵场排水畅通，以防场内积水导致洞内的卵胚窒息死亡。

②鳖卵孵化的条件　人工孵化的目的，是要提高受精卵的孵化率、缩短孵化期，增加当年稚鳖的养殖时间，进而提高稚鳖的越冬成活率。欲达到这一目的，首先要了解受精卵的胚胎发育对环境生态条件的要求，以便采取合理的孵化方式，达到预期目的。

据试验，卵子受精以后，能否进行正常的胚胎发育，在很大程度上依赖于环境条件，这里指的环境条件主要是指与鳖卵接触的沙子的温度、湿度和通气状况（氧气）。这三者称为鳖卵孵化的三要素，三者之间相互影响，缺一不可。只有在整个孵化期间，这三个条件适宜，才能保证鳖的胚胎正常发育，达到理想的孵化效果。现将三个要素的具体要求分述如下。

A. 温度　鳖卵孵化能适应的温度范围是 22～36℃，最适宜的温度是 34～35℃；低于 22℃时，胚胎发育停止；高于 37～38℃时胚胎死亡。鳖卵在孵化过程中对温度反应极为敏感，在适合的温度范围内，每升高 1℃，就可显著地加快胚胎发育速度，当温度为 33～34℃时，胚胎发育经历的时间为 37～43 天，温度提高到 35～36℃，胚胎发育的时间可以缩短到 36～38 天。而当温度是 22～26℃时，胚胎发育需 60～70 天。孵化率与孵化温度密切相关，孵化温度越低，孵化率越低，这就是为什么 8 月中、下旬产出的卵，在自然条件下孵化往往孵化不出稚鳖的原因。

B. 湿度　指与鳖卵接触的沙子的含水量。沙子的含水量以 7％～8％为宜。含水量太高（25％以上），则鳖卵易闭气而死；含水量太低（低于 5％），则鳖卵含水分容易蒸发，卵"干涸"夭折。在实际孵化中，检查沙子含水量比较容易又实用的方法是：用手握沙成团，松开手沙落地即自然散开为适宜含水量。

C. 通气　通气是为了保证鳖卵内胚胎发育所必需的氧气，否则胚胎将因缺氧而死亡。鳖的胚胎发育过程中，必须设置温床沙盘，即受精卵一定要埋没在含水量适当的沙粒中进行孵化。因此，沙子的粗细度是影响沙子通气状况（鳖卵获氧能力）的主要因素。一般以粒径0.5～0.6毫米为宜。如果沙子太粗（粒径1毫米以上），虽然通气好，但保水性差，不能保持沙子的适当湿度；如果沙子太细（粒径0.1毫米以下），虽然保水性好，但通气差，容易板结。因此，鳖卵孵化，设置好温床沙盘，注意用沙粒度，对提高孵化率有其重要的意义。

③鳖卵的人工孵化方法　鳖卵的自然条件下，一般需经过50～70天时间的发育，即其孵化积温达到3.6万℃左右时，稚鳖才能破壳而出。在自然环境条件下孵化，因野外孵化条件变化激烈，如烈日暴晒烧坏卵胚胎，久旱无雨，泥土干燥，卵胚发育均得不到应有的湿度，暴雨或久雨使产卵洞溃水，卵胚在洞内闭死。另外，野外的蛇、鼠、蚁经常危害吞食，因此其孵化率很低。用人工孵化的方法，可以提高受精卵的孵化率，缩短孵化期，增加当年稚鳖的养殖时期。目前，用人工孵化受精卵的方法，常见的有如下几种。

A. 孵化场孵化　鳖人工孵化场的特点是容纳卵数量多，适宜于大批量繁殖生产。要选择地势高、排水条件好的地方修建，面积大小依繁殖稚鳖的生产规模而定，一般可为4～8米²。孵化场的式样为长方形，长宽比例为2：1或4：1。孵化场的四周砖砌成高1.0～1.2米的矮围墙，在墙基和墙壁开设排水孔和通气孔。沿围墙外侧，开辟一条围沟，围沟宽15厘米，深10厘米，以便灌水防御敌害。孵化场内，按5°～10°的倾斜坡度，筑成斜面的孵化床。孵化床的底部铺垫20～30厘米厚的碎石（卵石）或粗砂，以增强孵化床的滤水性能，在碎石、粗砂的表面再铺设20厘米厚的细砂。孵化时，细砂要保持一定含水量，其湿度以"捏之能成团，松开即分散"的状况为度。在孵化床的斜面最低处，埋设一个水盆（或脸盆），使盆口与孵化床的砂层表面保持在同一个水平面上，盆内盛清水。因为刚脱壳的稚鳖迅速爬入水盆内。孵化场四周矮墙的上部，架设钢筋或竹、木架，以便在架上覆盖塑料薄膜、帆布、芦席或开设玻璃窗，遮盖整个孵化场的顶部。受精卵收集后，可按产卵的先后次序，从高处往低处依次整齐排列在孵化床上，卵与卵之间稍留间隔。卵排列好以后，覆盖2厘米

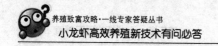

厚的砂层。

孵化期间，孵化场的温度应控制在 26～36℃，以 27～33℃ 为最佳。当温度偏低时，可在场内安装一个或数个大功率的电灯泡，以提高温度；若温度上升到 37℃ 以上，会烧坏胚胎时，应及时采取降温措施（如在孵化床上洒水或用芦苇遮阳等）。孵化场内要保持一定的湿度（81%～85%），为此要及时洒水，如遇烈日、干旱，更要勤洒水，但又要防止沙床积水、涝渍。孵化场的日常管理，除注意调节温度、湿度及沙子含水量以外，还要防止蛇、鼠、蚁等敌害进入孵化场。甲鱼受精卵孵化出壳的前 30 天，胚体对震动较敏感，容易造成胚胎死亡，故不要轻易翻动。

B. 采用恒温箱孵化　可以使用市场上出售的隔水式电热恒温恒湿箱，恒温箱的式样很多，多采用体积为 65 厘米×65 厘米×50 厘米的规格，以电为能源，功率为 440 瓦。恒温箱内可安置 4～5 层隔板，在每层隔板上放置一个搪瓷盘作为孵化盘。在盘内先铺垫 4～5 厘米厚的小粒径（0.6 毫米）沙子，然后将受精卵整齐地埋植在砂中（注意让卵粒的动物性极向上），再在卵粒上轻轻盖上 1～2 厘米厚的小粒径（0.6 毫米）沙子。

恒温箱内的温度控制在 32～33℃（即±0.5℃）。其湿度可保持为 81%～85%。甚至可将湿度稍提高到 85%～90%，因为恒温箱内保持着恒定的较高温度。为了防止恒温箱内孵化盘的砂粒干燥，要经常洒水。

恒温箱内的孵化盘中不设水盆，按鳖胚胎所需的积温推算，待稚鳖临近脱壳前，将恒温箱内的孵化盘移入室内的沙槽或孵化场中，这样可获得好的孵化效果。

C. 室内沙槽和木箱孵化

沙槽孵化：在较凉爽的室内地面，用砖砌成一个长 2 米、宽 1 米、高 0.5 米的长方形地面槽，内铺垫 30 厘米的沙子（砂粒径为 0.6 厘米），沙床中央埋入一个口径为 30 厘米的脸盆，盆口要与沙床表面呈水平，在盆内盛清水，室温保持 27～35℃，沙床要保持一定含水量。在孵化槽的沙床上埋植受精卵。孵化管理方法，与孵化场一样。

木箱孵化：在室内放置一个个规格为 60 厘米×30 厘米×25 厘米

的木箱，木箱内盛 20 厘米厚的细砂。在箱内细砂中埋有一个盛水的小容器，使小容器的口与砂表面呈一水平，以保持适宜的温度及沙子的含水量。这种木箱每只可孵化鳖受精卵 100～150 枚。

上述三种不同的孵化方式，只要加强管理，均可获得好的效果（表 3-10）。尤其是电热恒温恒湿箱，不仅可以获得高的孵化率（94%），而且还可以缩减近 1/3 的时间（整个孵化期只要 38～39 天）。

表 3-10 三种不同孵化方式及其效果比较

孵化方式	受精卵数目（枚）	孵化条件		孵化实际时间（天）	孵化积温（℃）	孵化稚鳖数（只）	孵化率（%）
		湿度（%）	温度（℃）				
室外孵化场	187	81～85	25～35	50～52	36 000～37 000	172	92
室内木箱	187	81～85	26～33	56～58	36 000～38 000	135	72
电热恒温箱	185	90	32.5～33.5	38～39	3 400～31 200	174	94

经孵化的受精卵，当稚鳖行将出壳时，先由前肢刺出，随之头部撞出壳外，经 4～5 分钟的紧张冲击后，则全身脱壳，顷刻带着羊膜（胎膜）迅速逃遁水中。刚出壳的稚鳖，其腹部羊膜尚未脱落，还有豌豆大的卵黄囊未完全吸收。为此，需要在盆内暂养 1～2 天，待卵黄囊吸收，羊膜脱落后，才转入稚鳖饲养池培育。

当大量的受精卵孵化时，人们常采用一种很重要的技术操作——人工引发出壳术。具体方法是：在工人孵化的后期，根据孵化的温度及时间，推算鳖受精卵孵化的积温值，并观察，发现孵化卵的卵壳颜色由红色完全变成为黑色，而黑色进一步消失，就意味着稚鳖即将出壳。这时，将这些即将破壳的卵从沙床上取出，放入一个容器中（可用脸盆），再徐徐倾入 20～30℃ 的清水，使之将所有的卵完全浸没为止。静观几分钟，就会有稚鳖陆续破壳而出。若在清水盆内，经 10～15 分钟的浸泡，尚有些卵不能破壳，则应立即将卵捞出，重新放置在孵化沙床中。采用人工引发出壳术的原理，是利用降温 2～3℃，突然刺激卵壳，使稚鳖破壳而出。这种方法可以消除"稚鳖出壳参差不齐"的现象，使稚鳖成批出壳，便于管理。但笔者认为，采用这种方式进行脱壳的稚鳖由于大部分发育不充分，以后饲养过程容易暴发各类疾病，故不提倡此法脱壳。

④孵化期间的注意事项

A. 防止震动　孵鳖不同孵鸡，鳖卵在孵化期间不能翻动，否则胚体会受伤乃至中途死亡。而鸡卵的孵化则反之。因此，切不可把孵鸡的经验用在孵鳖的工作中，这点尤应引起农村养殖专业户的注意。主要原因是，鳖卵只有少量稀薄的蛋白带，卵中无蛋白系带，在孵化期间若翻动，使动物性极朝下，植物性极朝上，会因植物性极压迫动物性极产生缺氧而死亡。而鸡卵有蛋白系带，翻动后胚胎所在的动物极始终会朝向上方，易于得到氧气。因此，鳖的孵化，切不可过多翻动卵粒，以防震动，影响孵化率。

B. 控制温度、湿度　前已提及温度、湿度是鳖卵孵化的制约因素，温度适宜，湿度则是调节因素；湿度适宜，温度则是控制因素。这二者的协调，是保证鳖胚发育的最基本的生态因素。温度或高或低，沙子太干太湿，均对鳖的胚胎发育不利。尤其在孵化后期，胚胎对环境的变化更加敏感，气体的交换更加频繁，若不注意控制温度、湿度，胚胎发育在发育的晚期容易死亡。因此，在鳖卵孵化期间，尤以孵化后期，要注意检查，控制孵化温度、湿度。

88. 鳖的饲料有哪些？

在生产实践中，鳖的常用饲料很多，一般可分为动物性饲料、植物性饲料和人工配合饲料三大类。

(1) 动物性饲料　动物性饲料包括贝类（螺蛳、蚌、蚬等）、甲壳类（虾、昆虫、水蚤等）、鱼类、蚯蚓、蝇蛆、蚕蛹，以及动物的产物如血粉、鱼粉、骨粉、畜禽加工的下脚料等。这些饲料营养全面，蛋白质含量高，且必需氨基酸完全，故营养价值大，是养鳖的理想饲料。但来源有限，成本高，且不易保鲜。

(2) 植物性饲料　植物性饲料包括各种饼类（豆饼、花生饼、棉籽饼、菜籽饼等）、粮食类（黄豆、小麦、玉米、大米、高粱等）以及菜类和瓜果等。这类饲料营养成分也较高。但由于所含的氨基酸不完全且量少，尤其蛋氨酸、赖氨酸含量偏低，单独使用饲料系数较高，所以应与含氨基酸全面的动物饲料搭配使用，才能获得应有的饲养效果。

(3) 人工配合饲料　随着养鳖商品化生产的逐步发展，为了解决饲料的余缺和改善单一饲料营养成分不完全的状况，近年来开展了人工配合饲料的研制，并取得了较好的成效。生产实践证明，使用人工配合饲料养鳖具有如下优点。

①人工配合饲料能依据鳖的不同发育阶段对营养物质的需求，有针对性地制定相应的饲料配方，因而能满足鳖生长发育各阶段的营养需求，最大限度地促进鳖体增重，达到提高产量的目的。

②人工配合饲料是使用多种动物性、植物性饲料配制而成的，因此，饲料来源广泛，配制成的饲料比单一成分的饲料营养丰富全面、经济实效。

③人工配合饲料可以加工成形，一则可减少饲料散失，节约饲料；再则可减少由于饲料散失而污染水质，为鳖类创造良好的生活环境。

④人工配合饲料的加工生产可以实现机械化，劳动效率高，生产量大，适应于集约化养鳖的需要。

⑤使用人工配合饲料养鳖，可以降低饲料系数和生产成本，增加单位面积产量，提高经济效益。湖南省水产研究所用鳗鱼配合饲料养鳖，饲料系数为 1.5～2.0，即投喂 1.5～2.0 千克鳗鱼配合饲料可产商品鳖 1 千克。

89. 鳖的活饵料有哪些？怎么培育？

(1) 水蚤　俗名"红虫"，干物质含蛋白质 60.4%，脂肪 21.8%，糖 1.1%，灰分 16.7%，此外还含有大量的维生素 A。人工培育水蚤，可利用室外深 1.0～1.2 米的水泥池或大小坑作培育池，注水至水深 0.5～0.8 米。每立方米施入人或家禽粪便 2～3 千克作为基肥，使藻类和细菌大量繁殖。当池水肥度适宜、pH 偏碱、水温 16℃以上时，按 30～50 克/米³ 的接种量引入水蚤。在温度 20～25℃

时，3～4天即可繁殖大量的幼蚤，1周左右即可捞取。每隔1～2天捞1次，每次捞20％～30％。连捞几次后，再追肥培育1周左右，又可继续捞取。一般每天可产水蚤约800克/米³。

（2）蚯蚓 蚯蚓富含蛋白质，鲜蚯蚓含蛋白质40％以上，干蚯蚓含蛋白质70％左右。人工养殖蚯蚓宜选择潮湿、背阳的遮阳地，面积大小不限，可因地制宜。深翻20～30厘米，用发酵腐熟的青草、禽畜粪便等按一层粪料、一层草料堆制饲养床。草类腐烂后，每立方米放入蚯蚓3～5条。种蚯蚓应选择个体大、环带明显的个体。放种后日常保持50％～60％的湿度，温度在25℃左右，经过10多天的培育就可以取到繁殖生长的小蚯蚓。取时掀开一层层的腐殖质，蚯蚓聚集底层为多，取出部分蚯蚓后，补充部分腐熟的有机质，几天后又可继续采收。

培养时应注意：土要肥；和蚯蚓直接接触的肥料，不能用易于发高热的肥料，以免高温引起死亡；要保持一定湿度，不可使土壤过于干燥；挖掘蚯蚓时最好分层挖，将土壤与粪便分别堆放，以便进行第二次培养。

（3）蝇蛆 蝇蛆是苍蝇的幼虫，其干体含蛋白质62％，脂肪13.4％，糖类15％，灰分6.6％。人工饲料蝇蛆先要养好种蝇。种蝇可用铁、木等作为框架，装上密眼聚乙烯渔网制成的蝇笼，体积一般为50升。蝇笼正面要有一个操作孔，孔上装好布套，以防蝇外逃。每笼放蝇蛹7 000～8 000个，待蛹羽化5％左右，开始投喂饲料和水。一般用打成糊糊状的动物内脏、蛆浆以及奶粉加5％的红糖水调制后作饲料投喂。每天每只投饲1毫克，饲养5～6天后，种蝇开始产卵，取出卵置于蝇蛆培养盘中饲养蝇蛆。蝇蛆以发酵霉菌为食料，麦麸是较好的发酵霉菌材料，将其加水拌匀，使其湿度保持在70％～80％盛入培养盘，再将卵料埋入培养基内，让其自动孵化。一般一只70厘米×40厘米×10厘米的培养盘可容纳麦麸3.5千克，蝇卵2万粒，培养4～5天即可成熟收获。收获时用强光照射，迫其向盘底移动，然后抹去培养基，即可取出蝇蛆。为了保持蝇蛆饲料的连续性，此时应择优留种，待其蛹化，饲养种蝇。

（4）福寿螺 福寿螺又称苹果螺，可食部分鲜蛋白质含量达

29.3％，还含有丰富的胡萝卜素、维生素 C 和多种矿物质。福寿螺个体大、生长快、繁殖力强、产量高，一般亩产可达 1 500～2 000 千克。福寿螺对养殖条件要求不高，水深 1 厘米以内的鱼池、坑凼、沟渠、低洼地都可饲养；以食植物性青饲料为主，也食麦麸等精饲料。

人工养殖福寿螺要掌握：

①在养殖水域中要插些竹条、条棍等，高出水面 30～50 厘米，供其吸附、产卵繁殖。

②在整个饲养阶段特别是幼螺阶段，饲料不能间断，所投饲料都要求新鲜不变质，以傍晚投饲为宜，每天投喂量约为螺体总量的 10％。

③饲养水域要求水质清新，若没有微流水经常注入的饲养池，最好每隔 3～5 天冲水一次。

④幼螺经 2～3 个月的饲养，能区别雌雄个体时，有条件的地方可将雌雄螺分开饲养，以提高成螺产量。

⑤当水温降到 12℃左右时，开始越冬保种工作。越冬方法，有干法越冬和湿法越冬两种。干法越冬：先将螺捞起冲洗干净，放在室内晾干，3～5 日后剔除破壳螺和死螺，然后装入纸箱中越冬。装箱时，为了给螺创造一个干燥环境并防止挤压，应放一层螺，垫一层纸或刨花，然后捆好，放在 2～3℃条件下，通风干燥。待来年水温上升到 15℃时，把螺放回水中，螺即出头足活动、觅食。湿法越冬：在室内空闲地方，设置水池，肥螺放入水池中，保持水温在 4℃以上可安全越冬。在我国南方地区可在饲养池中越冬。

(5) 黄粉虫　又称面包虫，是一种蛋白质含量较高且繁殖力强、饲养方法简单的动物性饲料源。

90. 怎么捕捉鳖?

鳖的捕捉方法很多，有网捕、钓捕、叉捕、鱼篮捕、摸捕、干塘捕等，下面介绍几种常见的捕捉方法。

(1) 网捕　在鳖的摄食及繁殖季节，采用普通捕鱼丝挂网，上缚浮标，下缚坠脚（沉子）呈波浪式放入水中，鳖接触丝挂网后容易被捆缚而难于逃脱，捕获效率较高。在放网时要注意观察鳖的行踪，以在鳖的过往水域拦截效果为佳。在鱼鳖混养水域或湖泊、水闸等，也可采用捕鱼用的三层刺网和张网，在捕鱼时一同捕鳖，鳖触网后会被裹住，或随鱼一同进入张网而捕获之。

（2）钓捕 这种方法，主要是利用鳖贪食和在高温季节鳖必须在一定时间浮出水面呼吸空气的特点，用饵进行诱捕，或者使用锋利的甩钩抛出挂捕。捕捉时间以 5—10 月份为宜。根据钓钩的结构和捕捉方法，又可分为衣针钓、鱼钩钓和甩钩钓三种。

①针钓 用 3 号或 4 号普通缝衣针，将针鼻用铁钳卡断、用锉锉尖，形成两头尖的针。然后取直径 1.3～1.5 毫米粗的胶丝线，长度根据需要而定，线的一端牢牢缠绕于针的中部，另一端绑在池边的木棍上，以便作为弃钓的标志。钓饵采用新鲜的猪肝，鳖对猪肝的血腥气味特别敏感，能在 10 厘米的距离内嗅到。将钓饵切成筷子粗，以鳖能畅通吞下为宜，长度为钓饵两端不露针即可。然后将针穿在钓饵中心，胶丝线在针的中央伸出，或在针的一端伸出均可。当鳖将有针的钓饵吞到颈部并企图逃走时，由于线扣住针的中部，针就卡在鳖的食管里了，它越挣扎逃跑，针越卡得紧，一般很难逃脱。钓到鳖后，因使用的胶丝线不易被咬断，因此可直接拖上岸，先用一只脚踩住它的脊背，然后一手拉线，一手用小手钳拔出针尖。如针尖尚未露出颈外，可用小手钳把针尖顶起的颈肌往下一摁，针尖就可刺穿颈肌露出颈外。

②钩钓 采用普通鱼钩钓捕。方法和原理与针钓大体相同，只是钓具有钩，钓饵以蚯蚓为好。蚯蚓虽不及猪肝"百发百中"，但鳖亦喜食，并可把钩较好的藏于钓饵中（钩可从蚯蚓体内穿过），鳖食钓饵而捕之。

用针钓、钩钓的鳖，特别是针钓的鳖，因机械损伤太重，不宜养殖。

③甩钩钓 甩钩有交叉型头钩、三齿锚型钩、多节蜈蚣钩、多刺滚钩四种。操作技术熟练者，可用交叉型双头钩；技术生疏者，可用三齿锚型钩，这种钩即使速度慢些，也能钩到鳖，其他两种钩亦可用。具体方法：当发现鳖浮上水面进行呼吸时，对准目标，将甩钩迅

速抛出去，用力猛拉，勾住鳖的裙边或其他部位，然后快速转动摇柄，把已上钩的鳖拖上岸来。

甩钩捕鳖，关键是个"快"字。"快"要快在收线的速度上。两只手要配合默契，甩竿与拨动线盘绕线，要达到使钩在水下像一支利箭那样前进，只要碰到鳖体，锋利的钩齿。立即就将鳖钩住了。

(3) 叉捕　有两种叉法：

①由于鳖在生长季节常于河床底部爬行觅食，因此可根据上泛气泡的特征，将七齿叉的叉头伸入水下，估计好角度，把叉猛捣下去。

②在冬季进行无明显目标的叉法：水冷草枯，鳖入土冬眠。如河床土质坚硬，淤泥不深，鳖也钻得不深，有时钻在那些僻静的深水处或烂草根下。用叉在这些深水下的淤泥中，一下一下地捣下去进行探刺，若叉接触到鳖时，便发现"咚咚"的闷响声，再用力穿刺，并缓缓提出水面。如果不想使鳖受伤，在探察到鳖后用脚踩住鳖的前部，使其后部翘起，再用手扣住后肢窝，拿出水面即可。

(4) 鱼篮捕　用竹篾或铁丝制成与篮，入口处安装倒须，篮内吊放猪肝、蚯蚓等诱饵，放到鳖经常出入的水域中，鱼篮留少部分露出水面并用杂草遮盖，鳖因贪食饵料进入篮内，出来时被倒须拦住出路，无法逃脱。

(5) 摸鳖　摸鳖首先要判断鳖在水中的大体位置。一般当鳖遇到惊扰后，便迅速沉入水底泥沙中，水面则出现气泡和小水波。根据水底冒出来的气泡位置潜水，用手脚同时摸鳖。当摸到鳖时，鳖在受惊之余，会使劲钻泥沙，可先用脚踩住鳖的前部，用手捉甲的后缘，把鳖用力向泥沙中插一下，以防逃逸。当鳖不再向下钻时，用手指扣住两只后腿的腿窝，提出水面即可。注意手不要抓到它的头前部，以防被咬伤。如果万一被咬，须迅速放入水中，因鳖想逃脱即会松开。

(6) 干塘捕　对饲养池的鳖，如果要大部分或全部捕获，可采取干塘捕捉。

方法是：先将池水放干，然后用木制小耙由池的一侧顺次翻开泥土，捕捉潜入泥沙中的鳖。对于池面较大、淤泥较深的鳖池，若要将整个池塘的淤泥翻开，较为困难。可将池水排干，等到夜晚，泥沙中的鳖会自动爬上池岸或浅滩栖息，到时可用灯光照明捕捉。或在池塘临干之前，在池中的一角覆盖稻草或木板之类的掩蔽物进行诱捕。等水放干后，在掩蔽物下躲藏着许多鳖，围而捕之。

91. 怎么运输鳖？

（1）稚鳖的运输　稚鳖是人工养殖过程中的重要环节。如何扩大稚鳖运输量、提高运输成活率？现介绍一种运输稚鳖常用的方法。

①稚鳖运输箱的制作　制箱原材料，使用杉木板与聚乙烯纱窗结构。运输箱为多层盒式，一般为4～5层，每层的尺寸规格40厘米×60厘米×10厘米。盒的四周用木板围成框，盒底装钉光滑板，盒与盒之间备有镶嵌槽，可供多盒叠层。每盒四周的木板上钻有孔径为1.6厘米的圆形小孔5～7个，以保证空气能对流。运输的各层木盒，做工要求精细，相互套装严实，以免稚鳖从盒内爬出。

②包装运输　在运输前，先将整个木箱浸透水，使箱有一定的湿度，同时检查盒与盒之间是否镶嵌严实。将待运的稚鳖，按个体大小挑选，分盒装运。将体弱及伤残个体剔除。每盒装运稚鳖以500只为宜。先在盒底垫一层干净柔软的新鲜水草，如轮叶黑藻、苔草、浮萍等，然后放入稚鳖，再在稚鳖上面盖一层水草，起隔离保护及保持湿润的作用。每箱叠放的层数不宜超过5盒，以免最底层的一盒过于封闭，通风透气性能差，造成稚鳖窒息死亡。稚鳖装箱后，叠加好盖，要用绳子捆扎结实，便于途中携带。在稚鳖启运之前，要向装有稚鳖的运输箱内洒适量干净的新水。

运输前，要制定周密的运输计划，尽可能缩短运程和时间。途中要遮阳防暑，尽量避免振动及挤压。运输箱切勿靠近汽车发动机。运输途中，要专人护理，随时检查运输箱内情况，视温度的高低和水草的湿润程度，及时洒水，保持湿润。

抵达目的地后，放在阴凉地方，将箱打开，把鳖移入木盆内，用2％的食盐水浸泡消毒30分钟，即可下池饲养。

采用此法运输稚鳖最安全可靠，既适于空运、火车运及汽车运输，又有较高的成活率。

（2）幼鳖及成鳖的运输 鳖在空气中，若置于同一容器内，则会互相咬伤，影响鳖的商品价值。尤其是亲鳖的引种，如运输方法不当，不仅会造成严重损伤，还会引起种种疾病，从而影响产卵及成活率。所以，幼鳖和成鳖的运输也是一项不可忽视的工作。

鳖的运输比其他鱼类容易，但在运输途中须注意如下几点：

①防止互咬，因此切忌放在盛水的容器中或麻袋中运输，特别是气温较高的情况下，运输更应注意这一点。

②不要使甲壳过于干燥，在运输途中要经常洒水，以保持鳖体湿润，满足鳖在脱离水体后的生态要求。

③不能使鳖受到排出尿的污染。远距离运输前应停食数日，减少运输中的排泄。途中隔日对鳖体及运输器具冲洗1次，以清除排泄物对运输环境的污染。

④保持适温，气温在10～15℃时鳖呈半休眠状态，呼吸次数少，活动力弱，运输成活率高，因此在炎热的夏天和水冷的冬天运鳖时，要做好防暑和防冻工作，保证运输安全。

⑤防蚊咬伤。

运输时使用浅木箱。将木箱隔成数格，每格大小与鳖的裙边大小相适应，底部垫上棉花或干水草等柔软物。每格放鳖一只，使之无法活动。木箱加盖，并在木箱底部、四周及盖上开一些小孔，供通风透气。这种干运法，适于低温季节，可防止途中冻坏。

幼、成鳖的运输，还可采用藤、竹条编织的筐篓，如蛋品装运筐、柑橘装运筐等，作为运输工具。一层水草放置一层鳖，一般每筐可装运鳖4～5层，重约20千克，淋水湿润，盖好扎牢即可外运。采用这种方法运输，方法简单，成本较低，效果较好。

92. 鳖越冬该怎么管理？

鳖的越冬管理是人工养鳖的一个重要阶段，特别是对于稚、幼鳖，稍有不慎，会造成严重损失。安全越冬的主要措施有如下几方面。

①越冬前强化培育，除了按正常要求投喂质量好的人工配合饲料

外，尽可能多投喂一些蛋白质和脂肪含量高的鲜活饲料，如动物血、内脏、螺蚬、蚌肉、鱼、虾等，使其体内积累贮存一定量的营养物质，增强对严寒的抵抗力。

②越冬池应选择阳光充足、避风、温暖、环境安静的地方，池底用 10～20 克/米^3 的浓度漂白粉清塘消毒，并暴晒池底 2～4 天，使泥沙松软，避免越冬过程中发生病害。

进入冬眠之前更换一次池水，使鳖在新鲜的水中生活，以增强体质。越冬期间，池水不应长期处于静止状态。

③越冬管理的重点是常温条件下稚鳖的越冬。稚鳖室外越冬，不采取任何保温措施死亡率很高，一般成活率仅为 20%～30%。因此，稚鳖最好移入室内池中越冬，或露天池加盖塑料大棚，越冬时密度为每平方米 150 只左右。注意做好室内保温防冻工作，如将池水灌满，并在池顶放上竹帘，竹帘上面平铺一些柴草保温，有条件的可采用适当措施，提高室温在 0℃ 以上，防止池水冰冻等。

越冬温度不能太高，如温度超过 15℃ 以上，稚鳖新陈代谢仍较旺盛，但不摄食，体内储存的营养消耗过多，同样会导致越冬期时死亡。越冬池适宜的水温是 4～8℃ 之间，同时要注意空气的流通。

④经一年饲养的幼鳖，对环境的适应能力增强，可以在露天池中自然越冬。但越冬期间，要把池水水位提高到 1.5 米以上并保持池塘的环境安静，不使鳖受惊，避免在水中逃来逃去，消耗能量。

⑤对于水质过分贫瘠的越冬池，可在池塘边堆施一些有机肥料，一方面可以肥水，另一方面有机肥料发酵可以增加池水温度，但堆施量不宜过多，以避免因分解而大量耗氧。

93. "鳖虾鱼稻共作"的稻田怎么选？

鳖虾鱼稻生态种养的稻田，要求水源充足、水质优良、稻田附近水体无污染、旱不干雨不涝、能排灌自如。稻田的底质以壤土为好，田底肥而不淤，田埂坚固结实不漏水。稻田不受洪水淹没。稻田的面积大小不限，有条件的以 20 000 米^2（30 亩）为一个单元为宜。

94. 稻田工程怎么建？

苗种放养前，稻田须进行改造与建设，主要内容包括：开挖环沟，加高、加宽田埂，建立防逃设施和完善进、排水系统，环沟消毒，种植水草，投放有益生物、遮阳棚的搭建等。

(1) 开挖环沟 沿稻田田埂内侧 0.5～1.0 米处开挖供水产动物活动、避暑、避旱和觅食的环沟，环沟面积占稻田总面积的 8%～10%。一般面积在 20 000 米^2（30 亩）以下稻田，环沟宽 3.0～4.0 米，深 0.8～1.0 米；面积在 20 000 米^2（30 亩）以上稻田，环沟宽 4.0～5.0 米，深 0.8～1.0 米；面积在 66 700 米^2（100 亩）以上稻田，除开挖环沟外，稻田中间还可以开挖"十"或"井"字形田间沟，田间沟宽 0.8～1.0 米，深 0.8 米（彩图 18、彩图 19）。

(2) 加高加宽田埂 利用挖环沟的泥土加宽、加高、加固田埂。田埂加高、加宽时，泥土要打紧夯实，确保堤埂不裂、不垮、不漏水，以增强田埂的保水和防逃能力。改造后的田埂，要求高度在 0.8 米以上（高出稻田平面），埂面宽不少于 1.5 米，池堤坡度比为 1∶（1.5～2.0）。

(3) 建立防逃设施 防逃设施可使用水泥瓦和砖等材料建造，其设置方法为：将水泥瓦埋入田埂上方内侧泥土中 40 厘米，露出地面 50 厘米，然后每隔 1.0 米处用一木桩（或竹桩）固定。如果用砖，则在四周田埂上方内侧建 50 厘米高的防逃墙，防逃墙要做成弧形，以防止鳖沿墙壁攀爬外逃（彩图 20～彩图 22）。

(4) 完善进、排水系统 稻田应建有完善的进、排水系统，以保证稻田旱不干雨不涝。进、排水系统建设要结合开挖环沟综合考虑，进水口和排水口必须成对角设置。进水口建在稻田地势较高一侧的田埂上，排水口建在沟渠最低处，由 PVC 弯管控制水位，按照高灌低排的格局，保证稻田能灌能排。要求能排干所有的水。

与此同时，进、排水口要用铁丝网或栅栏围住，以防养殖水产动物逃逸。也可在进出水管上套上防逃筒，防逃筒用钢管焊成，根据鳖的大小钻上若干个排水孔，使用时套在排水口或进水口管道上即可

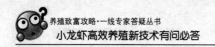

（彩图 23、彩图 24）。

95. 饵料台怎样搭建？

晒背是鳖生长过程中的一种特殊生理要求，既可提高鳖体温促进生长，又可利用太阳紫外线杀灭其体表的病原体，提高鳖的抗病力和成活率。晒台和饵料台尽量合二为一，具体做法是：在环沟中每隔20 米左右设一个饵料台，台宽 0.5 米，长 2.0 米，饵料台长边一端搁置在埂上，另一端没入水中 10 厘米左右。饵料投在露出水面的饵料槽中。为防止夏季日光暴晒，可在饵料台上搭设遮阳棚（彩图 25、彩图 26）。

96. 诱虫灯如何选择？

根据杀虫灯可以诱集的害虫种类，以及了解该杀虫等对哪种虫有较好的诱杀效果，根据所需要的虫类选择有效的诱虫灯。

97. 诱虫灯怎样安装？

诱虫灯应安装在环沟的上方，使诱捕的虫蛾直接掉入水中，成为鳖和小龙虾的动物性饵料（彩图 15）。

98. 稻田怎样消毒？

环沟挖成后，在苗种投放前 10～15 天，每亩沟面积用生石灰100 千克带水进行消毒，以杀灭沟内敌害生物和致病菌，预防鳖、虾、鱼的疾病发生。

99. 稻田内应移栽哪些水生植物？

围沟内栽植轮叶黑藻、伊乐藻、马来眼子菜等水生植物，或在沟边种植水花生，但要控制水草的面积，一般水草面积占渠道面积的30％～40％，以零星分布为好，不要聚集在一起，以利于渠道内水流畅通无阻，能及时对稻田进行灌溉。

100. 稻田内应投放哪些有益生物？

在虾种投放前后，沟内再投放一些有益生物，如水蚯蚓（投0.3～0.5千克/米²）、田螺（投8～10个/米²），河蚌（放3～4个/米²）等。投放时间一般在4月份。既可净化水质，又能为小龙虾和鳖提供丰富的天然饵料。

101. 鳖种怎样选择？

鳖的品种宜选择纯正的中华鳖，该品种生长快，抗病力强，品味佳，经济价值较高。要求规格整齐，体健无伤，不带病原。鳖种规格建议为500克/只左右，这种规格的鳖种当年个体可达1 250～1 500克，当年便可上市。也可以投放300克/只左右的鳖种，在稻田中养殖2年后上市。

102. 鳖种如何投放？

鳖种投放时间应视鳖种来源而定。土池鳖种可在11月份、12月份或翌年3月份、4月份的晴天进行，温室鳖种应在秧苗栽插后的6月中旬前后（水温稳定在25℃左右）投放，放养密度为100只/亩左右。鳖种必须雌雄分开养殖，否则自相残杀相当严重，会严重影响鳖的成活率。由于雄鳖比雌鳖生长速度快且售价更高，有条件的地方建议全部投放雄性鳖种。放养时需用高锰酸钾溶液或盐水浸泡，进行消毒处理。

103. 小龙虾的种虾怎样选择？

亲虾的选择标准：

（1）颜色暗红或深红、有光泽、体表光滑无附着物。

（2）个体大，雌雄性个体重都要在35克以上。

（3）亲虾雌、雄性都要求附肢齐全、体格健壮、活动能力强。

这一标准为通用标准，广泛适用于稻田养殖、池塘养殖等所有人工养殖模式，凡符合之一标准的亲虾，就是标准亲虾。

104. 小龙虾的亲种投放要求？

初次种养的稻田可在8月下旬至9月上中旬，往稻田的环形沟中投放亲虾，每亩投放20～30千克，已种养过的稻田每亩投放5～10千克。

（1）亲虾来源　从省级以上良种场和天然水域挑选，雌雄亲本不能来自同一群体，遵循就近选购原则。

（2）亲虾运输　挑选好的亲虾用不同颜色的塑料虾筐按雌雄分装，每筐上面放一层水草，保持潮湿，避免太阳直晒，运输时间应不超过10小时运输时间越短越好。

（3）亲虾投放前　环形沟和田间沟应移植30%～40%面积的水生植物。

（4）亲虾投放　亲虾按雌、雄性比（2～3）：1投放，投放时将虾筐浸入水中1～2分钟，再提起沥干，反复2～3次，使种虾适应水温，然后投放在环形沟中。

105. 小龙虾的种虾如何投放？

虾种投放分两次进行。第一次是在稻田工程完工后投放小龙虾苗种。小龙虾一方面可以作为鳖的鲜活饵料，另一方面可以将养成的成虾进行市场销售，增加收入。虾种放养时间一般在3～4月份，可投放从小龙虾养殖场采购200～400只/千克的幼虾，投放量为50～75千克/亩。第二次是在8～9月份投放抱卵虾，投放量为20～30千克/亩。

虾种一般采用干法保湿运输，离水时间较长，放养前需进行如下操作：先将虾种在稻田水中浸泡1分钟，提起搁置2～3分钟，如此反复 2～3 次，让虾种体表和鳃腔吸足水分。其后用 3% 浓度的食盐水浸洗虾体 3～5 分钟。浸洗后，用稻田水淋洗 3 遍，再将虾种均匀取点、分开轻放到浅水区或水草较多的地方，让其自行进入水中。

106. 鱼种怎样选择？

鳖虾鱼稻模式中放养鱼主要有两个方面的作用，一是为了充分利用水体并调节水质，二是为了解决鳖的部分活饵。因此宜选择一年多次产卵的鲫鱼和少量花白鲢鱼种。

107. 鱼种如何投放？

6 月份，当稻田整田插秧后即可在环沟内投放少量放养鲫鱼和花白鲢鱼种。

108. 如何整田？

稻田整理采用围埂法，即在靠近环沟的田面四周围上一周高 20 厘米、宽 30 厘米的土埂，将环沟和田面分隔开，防止水体互流。6 月 1 日左右开始用机耕船或其他方式整田。

109. 水稻品种怎样选择？

鳖虾鱼稻生态种养的稻田一般种植一季中稻，根据鳖规格及其起捕季节，结合土地肥力，选择合适的水稻品种，一般选择抗病虫害、抗倒伏、耐肥性强、可深灌的紧穗型品种。水稻的生育期最好在 160 天左右。最好是能深灌且不需晒田的水稻品种。

110. 水稻如何栽培？

第一年应用该技术的稻田要施足底肥。肥料的使用，应符合《绿

色食品　肥料使用准则》（NY/T 394—2013）和《肥料合理使用准则　通则》（NY/T 496—2010）的要求。底肥一般为有机肥，要施好施足，保证水稻中期不脱肥，后期不早衰。插秧前的 10～15 天，每亩施农家肥 200～300 千克，均匀撒在田面并用机器翻耕耙匀。

秧苗一般在 6 月上旬开始栽插。为了水稻的高产，要充分利用边坡优势，做到控制苗数、增大穗。栽插时采取宽窄行交替栽插的方法，以便于水生动物在稻田间正常活动并提高稻田的通风透气性能。宽行行距为 40 厘米、株距 18 厘米；窄行行距为 20 厘米、株距为 18 厘米。以便于 1 千克左右的成鳖在稻田间正常活动。

当稻谷生长 15 天后，就要开始晒田，以控制稻谷分蘖，促进稻谷生长。晒田总体要求是轻晒或短期晒，即晒田时，使田块中间不陷脚，田边表土不裂缝和发白，以见水稻浮根泛白为适度。田晒好后，应及时恢复原水位，尽可能不要晒得太久，以免导致环沟内水生动物因长时间密度过大而产生不利影响。

111. 怎样进行水稻病虫害的绿色防控？

采用稻田生态种养模式，水生动物的适应性和抗病能力很强，目前未见疾病发生的情况，但仍要注意坚持以预防为主，防重于治的原则。预防措施有：

（1）苗种放养前，用生石灰消毒环沟，杀灭稻田中的病原体。

（2）运输和投放苗种时，避免堆压等造成苗种损伤。

（3）放养苗种时要进行消毒处理。

（4）饲养期间饲料要投足投匀，防止因饵料不足使水生动物相互争斗影响成活率。

（5）加强水质管理。稻田定期加注新水，调节水质。

对水稻病虫害的防治一般采用物理方法结合生物方法，每 10～20 亩配一盏太阳能杀虫灯，以杀灭田中害虫。对水稻危害最严重的是褐稻虱，幼虫会大量蚕食水稻叶子。每年 9 月是褐稻虱生长的高峰期，稻田里有了鳖、虾、鱼等水生动物，只要将稻田的水位保持在 20 厘米左右，鳖、虾、鱼就会把褐稻虱幼虫的成虫吃掉，达到避虫的目的。

112. 水稻如何收割?

在 10 月中旬左右开始用收割机或其他方式进行稻谷收割,要求留茬 40 厘米左右,秸秆还田。应注意的是稻谷收割前要排水,排水时要将稻田的水位快速地下降到田面上 5～10 厘米,然后缓慢排水,促使小龙虾在小田埂上和环沟边掘洞,鳖全部进入到环沟内。最后环沟内水位保持在 50～60 厘米,即可收割稻谷。

113. 鳖的饵料种类有哪些?

鳖的常用饲料很多,一般可分为动物性饲料、植物性饲料两大类。

动物性饲料包括贝类(螺蛳、蚌、蚬等)、甲壳类(虾、昆虫、水蚤等)、鱼类、蚯蚓、蝇蛆、蚕蛹,以及动物的产物如血粉、鱼粉、骨粉、畜禽加工的下脚料等。植物性饲料包括各种饼类(豆饼、花生饼、棉籽饼、菜籽饼等)、粮食类(黄豆、小麦、玉米、大米、高粱等)以及菜类和瓜果等。本模式提倡以鲜活鱼类为主。

114. 怎样科学投喂?

鳖为偏肉食性的杂食性动物,为了提高鳖的品质,所投喂的饲料应以低价的鲜活鱼或加工厂、屠宰场下脚料为主。可在 4—6 月份向池中投放鲜活螺蛳,每亩投放 100～200 千克,也可在 5—6 月份向田中投放抱卵青虾或虾苗,给鳖提供活饵。

鳖种入池后即可开始投喂,日投喂量为鳖体总重的 5%～10%,每天投喂 1～2 次,一般以 1.5 小时左右吃完为宜,具体的投喂量视水温、天气、活饵(螺蛳、小龙虾)等情况而定。饵料投放在饵料台上接近水面的位置。另外,在田埂上设置杀虫灯,既可防控水稻虫害,又能为鳖和小龙虾的生长补充营养丰富的天然动物性饵料(彩图

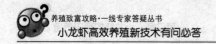

27、彩图 28)。

需要特别注意的是：鳖的投喂一定要科学合理，千万不要三天打鱼两天晒网。因为鳖如果不能均衡进食，其生长速度就会受到影响，严重时还会出现自相残杀的现象。

115. 怎样科学投喂？

小龙虾的整个生长阶段的饵料以稻田内丰富的天然饵料如有机碎屑、浮游动物、水生昆虫、周丛生物、水草以及中稻收割后稻田中未收净的稻谷、稻兜内藏有的昆虫和卵为主，适当补充投喂鱼糜、绞碎的螺蚌肉、屠宰场的下脚料等动物性饵料以及玉米、小麦、饼粕、麸皮、豆渣等植物性饵料。

饵料应均匀投放在环沟内的浅水区域，以利虾养成集中摄食的习惯，避免不必要的浪费。饵料投喂量应根据天气、水质、虾的生长阶段以及虾的摄食情况灵活掌握。在虾的生长期，如环沟内水草缺乏，每月应投一次水草，用量为 150 千克/亩。

116. 鱼的饵料怎样解决？

鱼作为这一模式的搭配品种，不需要特别投喂饵料，鳖和小龙虾的残饵以及稻田内的生物都是它们的饵料。

117. 如何加强日常管理？

根据水稻不同生长期对水位的要求，控制好稻田水位，适时加注新水，每次注水前后水的温差不能超过 4℃，以免鳖感冒致病、死亡。高温季节，在不影响水稻生长的情况下，可适当加深稻田水位。要定期用生石灰化浆对环沟进行泼洒消毒，以改善水质，消毒防病。

经常检查养殖水产动物的吃食情况，对围栏设施和田埂，要定期检查，发现损坏，及时修补。做好各种生产记录。

稻田饲养水生动物，其敌害较多，如蛙类、水蛇、鼠类、水鸟以及肉食性鱼类等。放养前用生石灰清除敌害生物，用量为100千克/亩。肉食性鱼类可在进水口用20目的长型网袋过滤进水，防止其进入稻田；蛙类可在夜间进行捕捉；鼠类可在稻田田埂上设置鼠夹、鼠笼等进行清除；鸟类可在田边设置一些彩条或稻草人进行恐吓、驱赶。

118. 稻田水位如何管理?

水位的管理在整个生产过程中最为重要，应根据水稻不同生长期和鳖、虾、鱼对水位的要求，控制好稻田水位。3月份，稻田水位控制在30厘米左右。4月中旬以后，水温稳定在20℃以上时，应将水位逐渐提高至60厘米以上，这样有利于小龙虾的生长。6—9月份根据水稻不同生长期对水位的要求，控制好稻田水位。6月份插秧后，前期做到薄水返青、浅水分蘖、够苗晒田；晒田复水后保持20厘米水层；高温期要求适当提高水位，保持田面水位20～25厘米。小龙虾越冬前（即10—11月份）的稻田水位应控制在30厘米左右，这样可使稻蔸露出水面10厘米左右，既可使部分稻蔸再生，又可避免因稻蔸全部淹没水下，导致稻田水质过肥缺氧，而影响小龙虾的生长。12月至翌年2月份小龙虾在越冬期间，应提高稻田水位，控制在60厘米以上。

119. 鳖如何捕捞?

当水温降至15℃以下时，可以停止饲料投喂。一般到11月中旬以后，可以将鳖捕捞上市销售。收获稻田里的鳖通常采用干塘法，即先将稻田的水排干，等到夜间稻田里的鳖会自动爬上淤泥，这时可以用灯光照捕。平时少量捕捉，可沿稻田边沿巡查，当鳖受惊潜入水底后，水面会冒出气泡，跟着气泡的位置潜摸，即可捕捉到鳖。下地笼也是一种很好的捕捞方法。

120. 小龙虾如何捕捞?

　　3—4月份放养的幼虾,经过2个月的饲养,5月就有一部分小龙虾能够达到商品规格。适时捕捞、捕大留小是降低成本、增加产量的一项重要措施。将达到商品规格的小龙虾捕捞上市出售,未达到规格的继续留在稻田内养殖,降低稻田小龙虾的密度,促进小规格的小龙虾快速生长。小龙虾捕捞的方法很多,可用虾笼、地笼网、手抄网等工具捕捉。在5月下旬至7月中旬,采用虾笼、地笼网起捕,效果较好。地笼形状、大小可以各异,尾袋网目可以根据捕捞对象进行调整。捕捞规格在100～200只/千克虾种可用密眼尾袋。捕捞规格30克/只以上的商品虾,一般可采用尾袋网目规格为2.5～3.0厘米的地笼。开始捕捞时,稻田不需排水,直接将虾笼置放于稻田及环沟内,隔几天转换一个地方,当虾捕获量渐少时,可将稻田中水排出,使虾落入环沟中,再集中于环沟中放笼。直至捕到的虾下降为一定量(每条地笼捕虾量低于0.4千克)时为止,以确保亲虾存田量每亩不少于25千克,以留足繁殖的亲虾。

第四章 小龙虾的池塘养殖

121. 池塘如何清整？

饲养小龙虾的池塘要求水源充足、水质良好，进、排水方便，池埂顶宽 3 米以上，坡度 1：3，面积以 3～5 亩为宜，长方形，水深 1～2 米。新开挖的池塘和旧池塘要视情况平整塘底、清除淤泥和晒塘，使池底和池壁有良好的保水性能，尽可能减少池水的渗漏。在池塘清整的同时建好防逃设施，以免敌害生物进入和以后鳌虾逃逸。

小龙虾为底栖爬行动物，决定其池塘产量的不是池塘水体的容积，而是池塘的水平面积和池塘堤岸的曲折率。即相同面积的池塘，水体中水平面积越大，堤岸的边长越多则可放养虾的数量越多，产量也就越高。因此，可在靠近池埂四周 1～2 米处用网片或竹席平行搭设 2～3 层平台，第一层设在水面下 20 厘米处，长 2～3 米、宽 30～50 厘米，两层之间的距离为 20～30 厘米，每层平台均有斜坡通向池底；平行的两个平台之间要留 1～2 米的间隙，供小龙虾到浅水区活动。

122. 池塘如何消毒？

池塘清塘消毒，可有效杀灭池中敌害生物如鲶鱼、乌鳢、蛇、鼠等，争食的野杂鱼类如鲤、鲫等以及致病菌。常用的方法主要有：

(1) 生石灰消毒 生石灰有干法消毒和带水消毒两种。干法消毒法：每亩用生石灰 50～80 千克，全池泼洒，再经 3～5 天晒塘后，灌放新水。带水消毒法：每亩水面以水深 1 米计算，用生石灰 100～150 千克溶于水中后，全池均匀泼洒。

（2）漂白粉消毒 将漂白粉完全溶化后，全池均匀泼洒，用量为每亩20～30千克（含有效氯30％），漂白精用量减半。有些地方有茶饼清塘消毒，效果很好。消毒方法：一般先将养殖池注水10～30厘米，将消毒剂溶于水后，泼入池中，全塘均匀泼洒。水泥池用药水多次冲洗，然后再用清水冲洗干净。

如果是用生石灰进行消毒，化浆泼洒生石灰后不要立即进水，生石灰遇水后与空气接触形成的碳酸钙是一种很好的水质调节剂，一般保持一周之后再进水。用60目筛绢网过滤进水至70～80厘米深。

123. 池塘需要什么样的水？

一般取用河水、湖水，水源要充足，水质要清新无污染，符合国家颁布的渔业用水或无公害食品淡水水质标准。

124. 池塘如何种植水草？

俗话说，"虾大小，看水草"。水草是小龙虾在天然环境下主要的饲料来源和栖息、生活场所。在池塘里模拟天然水域生态环境，形成水草群，可以提高小龙虾的成活率和品质。移栽水草的目的在于利用它们吸收部分残饵、粪便等分解时产生的养分，起到净化池塘水质的作用，以保持水体有较高的溶解氧量。在池塘中，水草可遮挡部分夏天的烈日，对调节水温作用很大。同时，水草也是小龙虾的新鲜饲料，在小龙虾蜕壳时还是很好的隐蔽场所。在小龙虾的生长过程中，水草又是其在水中上下攀爬、嬉戏、栖息的理想场所，尤其是对于水域较深的池塘，应把水草聚集成团并用竹竿或树干固定，每亩设置单个面积1～2米^{2}的草团20个，可以大大增加小龙虾的活动面积，这是增加小龙虾产量的重要措施。

水草的栽培，要根据池塘准备情况、水草发育阶段因地制宜进行。要根据各种水草生长发育的差异性，进行合理搭配种植，以确保在不同的季节池塘都能保持一定产量的水草。水草的种类要包括挺水植物、浮水植物和沉水植物三类。可以种植的有慈姑、芦苇、水花生、野荸荠、三棱草、苦草、轮叶黑藻、伊乐藻、眼子菜、菹草、金鱼藻、凤眼莲等。人工栽培的水草不宜栽得太多，以占池塘面积20%～30%为宜，水草过多，在夜间易使水中缺氧，反而会影响到小龙虾的生长。水草可移栽在池塘四周浅水区处。

(1) 轮叶黑藻 俗称温丝草、灯笼藻、转转藻等，属多年生沉水植物，茎直立细长，叶呈带状披针形，4～8片轮生。叶缘具小锯齿，叶无柄。轮叶黑藻是一种优质水草，自然水域分布非常广，在湖泊中往往是优质种群，营养价值较高，是小龙虾喜欢摄食的品种。

轮叶黑藻可在3月中下旬左右进行移栽，将轮叶黑藻的茎切成段栽插。每亩需要鲜草25～30千克，6—8月份为其生长茂盛期。轮叶黑藻栽种一次之后，可年年自然生长，用生石灰或茶饼清池对它的生长也无妨碍。轮叶黑藻是随水位向上生长的，水位的高低对轮叶黑藻的生长起着重要的作用，因此池塘中要保持一定的水位，但是池塘水位不可一次加足，要根据植株的生长情况循序渐进，分次注入，否则水位较高影响光照强度，从而影响植株生长，甚至导致死亡。池塘水质要保持清新，忌浑浊水和肥水。

(2) 菹草 又称虾藻、虾草。为多年生沉水植物，具近圆柱形的根茎，茎稍扁，多分枝，近基部常匍匐于地面，于结节处生出疏或稍密的须根。叶条形，无柄，先端钝圆，叶缘多呈浅波状，具疏或稍密的细锯齿。菹草生命周期与多数水生植物不同，它在秋季发芽，冬春季生长，4—5月份开花结果，6月后逐渐衰退腐烂，同时形成鳞枝（冬芽）以度过不适环境。鳞枝坚硬，边缘具有齿，形如松果，在水温适宜时开始萌发生长。栽培时可以将植物体用软泥包住投入池塘，也可将植物体切成小段栽插。

(3) 金鱼藻 为沉水性多年生水草，全株呈深绿色，茎细长、平滑，长20～40厘米，疏生短枝，叶轮生、开展，每5～9枚集成一轮，无柄。在池塘中5—6月份比较多见，它是小龙虾夏季利用的水草，可以进行移栽。

(4) 伊乐藻 一种优质、速生、高产的沉水植物，被称为"沉水植物骄子"，伊乐藻茎可长达2米，具分枝；芽苞叶卵状披针形排列

113

密集。叶4～8枚轮生，无柄。属于雌雄异株植物，雄花单生叶腋，无柄，着生于一对扇形苞片内，苞片外缘有刺；雌花单生叶腋，无柄，具筒状膜质苞片。实践证明，伊乐藻是小龙虾养殖中的最佳水草品种之一。

①栽前准备

A. 池塘清整　成虾捕捞结束后排水干池，每亩用生石灰200千克化水全池泼洒，清野除杂，并让池底充分冻晒。

B. 注水施肥　栽培前5～7天，注水深0.3米左右，进水口用40目筛绢进行过滤。并根据池塘肥瘦情况，每亩施腐熟粪肥300～500千克。

②栽培　12月份至第二年1月底栽培。栽培方法：

A. 沉栽法　每亩用20千克左右的伊乐藻种株。将种株切成0.15～0.20米长的段，每3～5段为一束，在每束种株的基部沾上淤泥，撒播于池中。

B. 插栽法　每亩用同样数量的伊乐藻种株，切成同样的段与束，按1.0米×1.5米的株行距进行人工插栽。

C. 栽后管理　按"春浅、夏满、秋适中"的方法进行水位调节。在伊乐藻生长旺季（4—9月份）及时追施尿素或进口复合肥，每亩2～3千克。

(5) 水花生　又称空心莲子草、喜旱莲子草、革命草，属挺水类植物。因其叶与花生叶相似而得名。茎长可达1.5～2.5米，其基部在水中匐生蔓延，形成纵横交错的水下茎，其水下茎节上的须根能吸取水中营养盐类而生长。水花生适应性极强，喜湿耐寒，适应性强，抗寒能力也超过凤眼莲和水蕹菜等水生植物，能自然越冬，气温上升至10℃时即可萌芽生长，最适生长温度为22～32℃。5℃以下时水上部分枯萎，但水下茎仍能保留在水下不萎缩。水花生可在水温达到10℃以上时进行池塘移植，随着水温逐步升高，逐渐在水面、特别是在池塘周边浅水区形成水草群。小龙虾喜欢在水花生里栖息，摄食水花生的细嫩根须，躲避敌害，安全蜕壳。

(6) 凤眼莲　为多年生宿根浮水草本植物。因它浮于水面生长，且在根与叶之间有一葫芦状大气泡，故又称其为水浮莲、水葫芦。凤眼莲茎叶悬垂于水上,蘖枝匍匐于水面。花多为棱喇叭状,花色艳丽美观,叶色翠绿偏深。叶全缘,光滑有质感。须根发达,分蘖繁殖快。在6—7月份,将健壮的、株高偏低的种苗进行移栽。凤眼莲喜欢在向阳、平静的水面,或潮湿肥沃的边坡生长。在日照时间长、温度高的条件下生长较快,受冰冻后叶茎枯黄。每年4月底至5月初在历年的老根上发芽,至年底霜冻后休眠。在水质适宜、气温适当、通风较好的条件下株高可达50厘米。

凤眼莲对水域中砷的含量很敏感。当水中砷达到0.06毫克/升时,仅需2.5小时凤眼莲即可出现受害症状。表现为外轮叶片前端出现水渍状绿色斑点,逐渐蔓延成片,导致叶面枯萎发黄、翻卷,受害程度随砷浓度增大而加重,受损叶片也会增多,并可涉及叶柄海绵组织。在农业部《无公害食品 淡水养殖用水水质》(NY 5051—2001)标准中,砷的含量必须低于0.05毫克/升。因此,凤眼莲作为一种污染指示植物,用来监测水域是否受到砷的污染,具有实际参考价值。

125. 池塘如何施肥?

养殖小龙虾要求水源充足,水质清新,溶氧含量高,符合国家渔业用水标准或无公害食品淡水水质标准,无有机物及工业重金属污染。向池中注入新水时,要用20~40目纱布过滤,防止野杂鱼及鱼卵随水流进入饲养池中。同时施肥培育浮游生物,为虾苗在入池后直接提供天然饲料。往虾池中施肥应选用有机肥料,如施发酵过的有机草粪肥。施用量为每亩200~500千克,使池水有一定的肥度。在虾苗放养前及放养的初期,池水水位较浅,水质较肥;在饲养的中后期,随着水位加深,要逐步增加施肥量。具体要视水色和放养小龙虾的情况而定,保持池水透明度在30~40厘米。

126. 如何投放幼虾养殖?

(1) 投放幼虾养殖类型 投放幼虾的养殖有单养、鱼虾混养、鱼虾蟹混养等多种模式，投放幼虾的养殖模式见表4-1。

表 4-1　投放幼虾的养殖模式

放养模式	放养品种	投放时间	规格	放养密度（尾/亩）
单养	幼虾	4—5 月	3 厘米	$(0.8 \sim 1.0) \times 10^4$
		9—10 月	1 厘米	$(1.0 \sim 1.5) \times 10^4$
鱼、虾混养	幼虾	4—5 月	3 厘米	$(0.8 \sim 1.0) \times 10^4$
		9—10 月	1 厘米	$(1.0 \sim 1.5) \times 10^4$
	鲢夏花鱼种	6—7 月	2.7—4.0 厘米	0.4×10^4
	鳙夏花鱼种	6—7 月	2.7—4.0 厘米	0.1×10^4
鱼、虾、蟹混养	幼虾	4—5 月	3 厘米	$(0.6 \sim 1.0) \times 10^4$
		9—10 月	1 厘米	$(0.8 \sim 1.2) \times 10^4$
	鲢夏花鱼种	6—7 月	2.7—4.0 厘米	0.4×10^4
	鳙夏花鱼种	6—7 月	2.7—4.0 厘米	0.1×10^4
	扣蟹	3 月	100～200 只/千克	300～500

（2）幼虾质量　幼虾应规格整齐、体质健壮、附肢齐全、无病无伤、活动力强，不得带有危害的传染性疾病。外购虾苗应经动物检疫部门检疫合格方可选用。

（3）幼虾投放

①运输方式　运输幼虾采用双层尼龙袋充氧、带水运输，尼龙袋内放置1～2片塑料网片，根据距离远近，每袋可以装运幼虾0.5万～1万尾。

②投放时间　幼虾投放宜在晴天早晨、傍晚或阴天进行，避免阳光直射。

③消毒防病　幼虾放养前应检疫，并用3%～5%食盐水浸洗10分钟，杀灭寄生虫和致病菌。外购幼虾，离水时间长，应先将幼虾在池水内浸泡1分钟，提起搁置2～3分钟，再浸泡1分钟，如此反复2～3次，使幼虾体表和鳃腔吸足水分后再放养。

（4）幼虾培育管理

①投饲　幼虾投放第一天即投喂鱼糜、绞碎的螺蚌肉、屠宰场的

下脚料等动物性饲料。

每日投喂 3～4 次，除早上、下午和傍晚各投喂 1 次外，有条件的宜在午夜增投 1 次。日投喂量一般以幼虾总重的 5％～8％为宜，具体投喂量应根据天气、水质和虾的摄食情况灵活掌握。日投喂量的分配如下：早上 20％，下午 20％，傍晚 60％；或早上 20％，下午 20％，傍晚 30％，午夜 30％。

②巡池　早晚巡池，观察水质等变化。在幼虾培育期间水体透明度应为 30～40 厘米。水体透明度用加注新水或施肥的方法调控。

③分级饲养　经 20～30 天的培育，幼虾规格达到 2.0～3.0 厘米，转入食用虾养殖。

127. 如何投放亲虾养殖？

(1) 投放亲虾养殖类型　有单养、鱼虾混养、鱼虾蟹混养等多种养殖模式。混养模式中的鱼、蟹投放与投放幼虾模式相同。

(2) 投放时间与投放量　每年的 8 月底投放亲虾，每亩投放亲虾 20～30 千克。亲虾应避免选择近亲繁殖的后代。

(3) 亲虾选择　选择颜色暗红或深红色、有光泽、体表光滑无附着物、个体大、附肢齐全、无损伤、无病害、体格健壮、活动能力强的亲虾。

(4) 亲虾投放

①亲虾运输　挑选好的亲虾用不同颜色的塑料虾筐按雌雄分装，每筐上面放一层水草，保持潮湿，避免太阳直晒，运输时间应不超过 10 小时，运输时间越短越好。

②亲虾性比　亲虾按雌雄比例（2～3）∶1 投放。投放时将虾筐反复浸入水中 2～3 次，每次 1～2 分钟，使亲虾适应池塘水温，然后投放。

(5) 亲虾投饲　8 月底投放的亲虾除自行摄食池塘中的有机碎屑、浮游动物、水生昆虫、周丛生物及水草等天然饲料外，宜少量投喂动物性饲料，每日投喂量为亲虾总重的 1％。10 月发现有幼虾活动时，即可转入幼虾培育。

128. 如何投饲?

（1）投饲量　投饲按"四定四看"（即定食、定量、定质、定位和看季节、看天气、看水质、看虾的活动情况）的原则，确定投喂量的增减。正常情况下，日投饲量一般为小虾体重的 7％～8％，中虾体重的 5％，大虾体重的 2％～3％。水草丰富的池塘和连续阴雨天气、水质过浓、大批虾蜕壳和虾发病季节可少投或不投喂。

（2）投饲次数　每天上、下午各投喂 1 次，以下午 1 次为主，约占全天投喂量的 70％；当水温低于 12℃时，可不投喂。3—4 月份，当水温上升到 10℃以上再开始投喂。

129. 怎样调节水质?

（1）水质调节对养殖的影响

①目的和标准　小龙虾对环境的适应力及耐低氧能力很强，甚至可以直接利用空气中的氧，但长时间处于低氧、水质过肥或恶化的环境中会影响小龙虾的蜕壳速率，从而影响生长。因此，水质是限制小龙虾生长，影响养虾产量的重要因素。不良的水质还可助长寄生虫、细菌等有害生物大量繁殖，导致疾病发生和蔓延，水质严重不良时，还会造成小龙虾死亡。在池塘高密度养殖小龙虾时，经常使用微生态制剂、生石灰等调节水质，使池水透明度控制在 40 厘米左右，按照季节变化及水温、水质状况及时进行调整，适时加水、换水、施肥，营造一个良好的水体环境。"养好一池虾，先要管好一池水"，始终保持池塘水体"肥、活、嫩、爽"。

肥：就是池水含有丰富的有机物和各种营养盐，透明度 25～30厘米，繁殖的浮游生物多，特别是易消化的种类多。

活：就是池塘中的一切物质，包括生物和非生物，都在不断地、迅速地转化着，形成池塘生态系统的食性物质循环。反映在水色上，池水随光照的不同而处于变化中。

嫩：就是水色鲜嫩不老，易消化浮游植物多。如果蓝藻等难消化种类大量繁殖，水色呈灰蓝色或蓝绿色，或者浮游植物细胞衰老，均会减低水的鲜嫩度，变成"老水"。

爽：就是水质清爽，水面无浮膜，混浊度较小，透明度大于20厘米，水中溶氧较高。

②虾池施肥　每年12月份前每月施一次腐熟的农家肥，用量为100～150千克/亩；3—4月份，当水温上升到10℃以上时，每月施一次腐熟的农家肥，用量为50～75千克/亩；保持水体透明度为25厘米左右。

每年4月以后，每15～20天换水1次，每次换水1/3；每10～15天泼洒1次生石灰，用量为10～15千克/亩。保持池塘水质清新、水位稳定、透明度为30～40厘米、pH为7～8。

施肥可以增加虾池中的营养成分，加速动、植物饲料的繁殖，在饲料生物丰富的情况下，小龙虾生长快、个体大、质量高，价格高。

(2) 水质调控方法

①物理方法

A. 适当注水、换水，保持水质清新　水源充足的池塘可参照透明度指标采取必要的注水和换水措施。当池水的透明度低于20厘米时，可以考虑抽出老水1/3～1/2，然后注入新水。一者带进丰富的氧气和营养盐类，再者冲淡池水中的有机物，恢复池水成分的平衡。这是改良水质最有效的办法，但要注意三点：①要用潜水泵抽出池塘的底层水；②注入水要保证水源的质量；③换水时温差不得超过3℃，否则易造成冷、热应激，导致小龙虾生病。

B. 适时增氧，保持池水溶氧丰富　用机械增加空气和水的接触面，加速氧溶解于水中，通常使用的各种增氧机、水泵充水、气泵向水中充气等都是物理方法增氧，是调节改良水质最经济、最有效、最常用的方法。适时开动增氧设备，增加水中氧气，不仅能够提高虾类对饲料的消化利用率，而且能够促使池水中有机物分解成无机物被浮游植物所利用，还能有效地抑制厌氧细菌的繁殖，降低厌氧细菌的危害，对改良池塘水质起着相当重要的作用。

②化学方法

A. 定期施用生石灰　生石灰是水产养殖上使用的最广泛、最多的一种水质调节改良剂。施用生石灰主要是调节池水的酸碱度，使其达到良好水质标准的 pH 范围，同时作为钙肥可以促使浮游生物的组成维持平衡。一般每月施用生石灰 1 次，采取用水溶解稀释后全池泼洒，用量为 5～15 千克/亩，晴天上午 9 点左右使用，不宜在下午使用。

B. 定期对水体消毒和改良　在虾类生长期内，每月施用氯制剂消毒液两次，每次含量为 0.5～0.6 克/米^3，可起灭菌杀藻作用；每月施用底质改良改良剂 1 次，含量为 40～50 克/米^3，不仅可以吸附池水中的悬浮物，更重要的是可以改良底质，从而起到改良水质的作用。底质改良剂主要成分是络合剂、螯合剂，将这些物质洒入水中，与水中的一些物质发生络和、螯合反应，形成络合物和螯合物。一方面缓冲 pH，减少营养元素（如磷）的沉淀，另一方面降低水中毒物（如重金属离子）浓度和毒性，达到调节、改良水质的作用。常用的络合剂、螯合剂有活性腐殖酸、黏土、膨润土等。目前，有一种新型亚硝酸根离子去除剂——亚硝酸螯合剂（BRT）及其盐类也可作为水产养殖土壤改良及底质活化剂，使用量为 0.1～0.3 克/米^3。

③生物方法　主要是施用生物制剂。生物制剂的主要种类有光合菌、芽孢菌、硝化菌、玉垒菌、EM 复合生物制剂等。在水温 25℃以上，选择日照较强的天气，每月施用生物制剂如复合型枯草芽孢杆菌净化水剂、活性酵素 1～2 次，每次分别使池水成 0.81 克/米^3 和 56 克/米^3，每次施用后数日内水质即可转好。但施用上述生物制剂应注意两点，一是施用生物制剂时必须选择水温在 25℃以上的晴天；二是在施用化学制剂（如生石灰、氯制剂等）后，不能马上施用生物制剂，应等到化学制剂药效消失后再施用。一般要在施用化学制剂一周后再施用生物制剂，这样才能达到较佳的水质调节效果。

130. 怎样巡池？

巡池的主要任务有：

（1）早上检查有无残食，以便调整当天的投喂量。

（2）中午测量水温，观察池水变化。

（3）傍晚或夜间观察虾的活动及摄食情况。

（4）经常检查、维修防逃设施。

131. 怎样防治敌害？

池塘饲养小龙虾，其敌害较多，如蛙、水蛇、泥鳅、黄鳝、肉食性鱼类、水老鼠及水鸟等。放养前应用生石灰清除，进水时要用8孔/厘米的纱网过滤；平时要注意清除池内敌害生物，有条件的可在池边设置一些彩条或稻草人，恐吓、驱赶水鸟。

132. 如何进行越冬管理？

（1）越冬前的准备 冬季小龙虾进入洞穴越冬，生长缓慢。加强冬季小龙虾越冬管理，能提高越冬成活率和养殖效益。每亩施腐熟的畜粪肥100～150千克，培育浮游生物。池中移栽凤眼莲、水花生、马来眼子菜等水生植物，覆盖率达40％以上，布局要均匀。水草可吸收池中过量的肥分，通过光合作用，防止池水缺氧，同时水草多可滋生水生昆虫，补充小龙虾动物蛋白。

（2）日常管理的主要内容

①适时投喂 越冬前多喂些动物饲料，增强体质，提高冬季成活率。

②调好水质 越冬期间，池中要保持水位在1.5米以上，以维持池水水温。水位过浅，要适时补水，防止小龙虾冻伤冻死。

③定期巡池 每天巡池2次，发现异常及时采取对策。

④防止冰冻覆盖水面后缺氧。

第五章 小龙虾与莲(藕)共作

133. 莲(藕)池工程怎样建?

选择通风向阳、光照好、池底平坦、水深适宜、保水性好、水源充足、符合国家标准《渔业水质标准》(GB 11607—1989)的规定,进、排水设施齐全,面积 5~50 亩新旧藕池均可用来养殖小龙虾。

首先对一般藕池做基本改造,可按"田"字或"十"字形挖虾沟,沟宽 4~5 米、深 1.0~1.5 米、距池埂 2 米左右。加高、加宽、加固池埂,池埂要高出池蓄水面 0.5~1.0 米,埂面宽 3~4 米。旨在高温季节、藕池浅灌、追肥、施药等情况下,一方面为小龙虾提供安全栖息的场所,另一方面还可在莲藕抽苔时,控制水位,防止小龙虾进入莲藕池危害莲藕;防止小龙虾掘洞时将池埂打穿,引发池埂崩塌;防止汛期大雨后发生漫池逃虾。池埂四周用塑料薄膜或水泥瓦建防逃墙,防止小龙虾攀爬外逃。在莲藕池两端对角设置进、排水口,进水口要高出池水平面 20 厘米以上,排水口比虾沟略低即可。进、排水口要安装过滤网罩,以防止逃虾和敌害生物进池。

134. 莲(藕)池怎样消毒、施肥?

在放养小龙虾种苗前 10~15 天,每亩莲藕池用生石灰 100~150 千克,兑水全池泼洒,或选用其他药物对莲藕池、沟进行彻底清池消毒,施肥应以基肥为主,每亩施有机肥 1 500~2 000 千克,要施入莲藕池耕作层内,一次施足,减少日后施肥追肥数量和次数。

135. 什么季节栽藕？

莲藕要求温暖湿润的环境，主要在炎热多雨的季节生长。当气温稳定在 15℃ 以上时就可栽培，长江流域在 3 月下旬至 4 月下旬，珠江流域及北方地区要分别比长江流域提早和推迟 1 个月左右，有的地方在气温达 12℃ 以上即开始栽培。总之，栽培时间宜早不宜迟，这样使其尽早适应新环境，延长生长期。但是，客观上要求栽培时间不能太早或太晚，太早，地温较低，种藕易烂，若是栽培幼苗，也易冻伤；太晚，藕芽较长，易受伤，对新环境适应能力差，生长期也短。故适时栽培是提高藕产量的重要一环。

136. 莲种怎样选？

莲品种宜选择江西省的太空莲 36 号和福建省的建选 17 号。这两个品种花蕾多、花期长、产量高、籽粒大，深受农民欢迎。

定植时间一般在 3 月下旬至 4 月下旬。种植前水位控制在 50 厘米以下，以 10 厘米水深为宜，每亩选种藕 200 支，周边距围沟 1 米，行株距以 4 米×3.5 米为宜，边厢每穴栽 3 支，中间每穴 4 支，每亩栽 50 穴左右。栽时藕头呈 15℃ 角度斜插入泥中 10 厘米，末梢露出泥面，边厢的藕头朝向田内。

137. 藕种怎样选？

应选择少花无蓬的莲藕品种，如产于江苏苏州的慢藕，产于江苏宜兴的湖藕，由武汉市蔬菜科学研究所选育鄂莲二号和鄂莲四号等都是品质好的莲藕。

莲藕的种子虽有繁殖能力，但易引起种性变异，因此，生产上无论是莲藕还是子莲，均不采用莲子作种子，而是用种藕进行无性繁殖。种藕的田块深耕耙平后，放进 5 厘米左右的浅水后栽植。排种时，按照藕种的形状用手扒开淤泥，然后放种，放种后立即盖回淤泥。通常斜植，藕头入土深 10～12 厘米，后把节梢翘在水面上，种藕与地面倾斜约 20°，这样可以利用光照提高土温，促进萌芽。

种藕的季节一般在清明节前后，要在种藕顶芽萌发前栽种完毕。等藕种成活后即是放养虾种的最好季节。

138. 虾种如何放养？

（1）环境营造 莲藕池养殖小龙虾，首先要人工营造适合小龙虾生长的环境，在虾沟内移植伊乐藻、轮叶黑藻、苦草、空心菜、菹草等沉水植物，为小龙虾苗种提供栖息、嬉戏、隐蔽的场所。

（2）放养模式

①投放亲虾模式 莲藕种植入后，可根据实际情况选择养虾模式。

在 8—9 月份，从良种选育池塘或天然水域捕捞亲虾，按雌雄比例 3∶1 或 5∶2 投放，每亩投放成熟亲虾 25 千克。

②投放幼虾模式 4 月下旬至 5 月份，此时莲藕已成活并长出第一片嫩叶，水位也上升全 18℃以上。从虾稻连作或天然水域捕捞幼虾投放，要现捕现放，幼虾离水时间不要超过 2 小时。幼虾规格为 2～4 厘米，投放数量为 2 500～8 000 尾/亩。在放养时，要注意幼虾的质量，同一田块放养规格要尽可能整齐，放养时一次放足。

幼虾要求色泽光亮、活蹦乱跳、附肢齐全、就近捕捞、离水时间短、无病无伤。

139. 如何投喂饲料？

对于莲藕池饲养淡水小龙虾，投喂饲料同样要遵循"四定"的投饲原则。投喂量依据莲藕池中天然饲料的多少和淡水小龙虾的放养密度而定。投喂饲料要采取定点的办法，即在水较浅、靠近虾沟、虾坑的区域拔掉一部分藕叶，使其形成明水区，投饲在此区内进行。在投喂饲料的整个季节，遵守"开头少，中间多，后期少"的原则。

成虾养殖可直接投喂绞碎的米糠、豆饼、麸皮、杂鱼、螺蚌肉、蚕蛹、蚯蚓、屠宰场下脚料或配合饲料等，保持饲料蛋白质含量在25%左右，6—9月份水温适宜，是淡水小龙虾生长旺期，一般每天投喂1～2次，时间在上午9～10时和日落前后或夜间，日投喂量为小龙虾体重的5%～8%；其余季节每天可投喂1次，于日落前后进行，或根据摄食情况于第二天上午补喂1次，日投喂量为小龙虾体重的1%～3%。饲料应投在池塘四周的浅水处，在淡水小龙虾集中的地方可适当多投，以利于其摄食和饲养者检查吃食情况。

140. 如何调节水位？

栽后至封行期间应缓慢加深水位，水深从5厘米逐渐加深到10厘米。一方面有利于土温上升快，发苗快；另一方面，由于水浅，小龙虾只在深沟里活动，不上莲藕池的浅水区，避免小龙虾夹断藕苦。夏至后灌深水20～30厘米，让虾上莲藕池活动采食。每天观察莲田情况，如夹断荷梗比较多则适当降低水位，荷梗变粗变老后，小龙虾不再去夹，应上深水。

全年水位管理按照"浅-深-浅-深"的原则进行水位管理。即：9—11月份浅水位（20～30厘米），12月份至第二年2月份深水位（40～60厘米），3—5月份浅水位（5～10厘米），6—8月份深水位（40～80厘米）。具体水深根据莲藕池条件和不同季节的水深要求灵活掌握。

在莲藕池灌深水及莲藕的生长旺季，由于莲藕池补施追肥及水面被藕叶覆盖，水体因为光照不足及水质过肥，常呈灰白色，水体缺氧，在后半夜尤为严重。此时小龙虾常会借助莲藕茎攀到水面，将身体侧卧，利用身体侧的鳃直接进行空气呼吸，以维持生存。在饲养过程中，要采取定期加水和排出部分老水的方法，调控水质，保持池水溶氧量在4毫克/升以上，pH7～8.5，透明度35厘米左右。每15～20天换1次水，每次换水量为莲藕池原水量的1/3左右；每20天泼洒1次生石灰水，每次每亩用生石灰10千克，在改善池水水质的同时，增加池水中离子钙的含量，促进小龙虾蜕壳生长。

141. 如何施追肥？

莲藕立叶抽生后追施窝肥，每亩追施优质三元复合肥和尿素各10千克。快封行时，再满池追施1次肥料，每亩追施优质三元复合肥和尿素各15千克。莲盛花期还要再追施1次肥料，每亩追施优质三元复合肥和尿素各20千克，确保莲蓬大，籽粒饱满。追肥时，如果肥料落于叶片上，应及时用水清洗掉。

142. 如何防治病虫？

莲藕池病害主要有褐斑病、腐败病、叶枯病等。要选用无病种藕，栽植前用绿亨一号2 000倍或者50%多菌灵800倍水溶液浸种藕24小时。发病初期选用上述药剂喷雾防治。虫害主要有斜纹夜蛾、蚜虫、藕蛆。对斜纹夜蛾，需人工采摘3龄前幼虫群集的荷叶，踩入泥中杀灭。对蚜虫可在池间插黄板诱杀。藕蛆作为小龙虾的食源，无需防治。

143. 如何采摘藕带？

莲虾工作模式中，藕带是主要的经济收入之一，藕虾工作模式一般不采摘藕带。藕带是莲的根状茎，横生于泥中，并不断分枝蔓延。新鲜的藕带有较好的脆性，风味佳，营养丰富，是人们餐桌上的美味佳肴。采摘藕带是增加种莲收入的重要途径，每亩可采藕带30千克。新莲池一般不采藕带，2～3年的坐苑莲池要采摘，3年以上重新更换良种。藕带采摘期主要集中在每年的4—6月份。4月上中旬开始采收，5月可大量采收。采收的方法是找准对象藕苫，右手顺着藕苫往下伸，直摸到苫节为止，认准藕苫节生长的前方，用食指和中指将苫前藕带扯出水面，再用拇指和食指将藕苫节边的带折断洗净。采后运输销售时放于水中养护，以防氧化变老。

144. 如何采收莲子？

莲虾共作模式中，莲子是又一主要的经济收入，在藕虾共作模式中，莲是副产品。鲜食莲子在早晨采收上市。准备加工通心白莲的采收八成熟莲子，除去莲壳和种皮、摘除莲心，洗净沥干再烘干。采收壳莲的，待老熟莲子与莲蓬间出现孔隙时及时采收，以免遗落田间。

145. 如何采挖藕？

在藕虾工作模式中，藕是主要的经济作物，小龙虾是辅助收益。

（1）采挖时间 10月上中旬当地上部分已基本枯萎时开始采收，越冬时只要保持一定水层，可一直采收到第二年2月下旬。

（2）采挖前准备工作 采挖前先将池水排浅或排干，挖藕结束，清整好泥土，再灌水入池，进入下一生产周期。

（3）采挖方法 采收藕有两种方法，一是全池挖完；二是抽行挖藕，即抽行挖去3/4的面积，留1/4的面积不挖，作为来年藕种。

146. 如何收获小龙虾？

上年8月投放的亲虾，到第二年5月上旬，就有一部分小龙虾能够达到商品规格，可以开始捕捞了。将达到商品规格的小龙虾上市，未达到规格的继续留在莲田内继续饲养，能够降低田中小龙虾的密度，促进小规格的虾快速生长。

在莲藕池捕捞小龙虾的方法很多，可采用虾笼、地笼等工具进行捕捞，最后可采取干池捕捞的方法。没捕捞完的虾可作为亲虾继续下年的养殖。

第六章　小龙虾的其他养殖模式

147. 什么是湖泊、草荡养殖小龙虾？

草荡、湖泊养殖小龙虾，是指利用天然大水面优越的自然条件与丰富的生物饲料资源进行养殖生产的一种模式。它具有省工、省饲、投资少和回报率高等特点，小龙虾还可以和鱼、蟹混养及水生蔬菜共生，综合利用水体，建立生产、加工、营销规模经营产业链，是充分利用我国大水面资源的有效途径。

148. 湖泊、草荡怎样选择？

选择水源充沛、水质良好、水位稳定且能够控制，水生动、植物等天然饲料生物丰富，出水口少，封闭性较好的湖泊、草荡，有利于防逃和捕捞。

在湖泊中养殖小龙虾，在国外早已有之，方法也很简单，但它对湖泊的类型有要求：一是草型湖泊；二是浅水型湖泊。那些又深又阔或者是过水性湖泊，则不宜养殖小龙虾。目前长江中下游地区的草型湖泊发展十分迅速。

149. 湖泊工程怎样建？

湖泊养小龙虾，由于水面宽广，需要用围网分割，便于投饲和捕捞。

围网养虾的地点应选择在环境比较安静的湖湾地区，水位相对稳定，湖底平坦、风浪较小、水质清新、水流通畅，避免在河流的进出水口和水运交通频繁地段选点。要求周围水草和螺蚬等饲料丰富，无污染物，网围区内水草的覆盖率在 50% 以上，并选择一部分茭草、蒲草地段作为小龙虾的隐蔽场所。湖岸线较长，坡地较平缓，常年水深在 1 米左右。

但是要注意水草的覆盖率不要超过 70%。生产实践证明，水浅草多，尤其是蒿草、芦苇、蒲草等挺水植物过密，水流不畅的湖湾岸滩浅水区，夏秋季节水草大量腐烂，水质变臭（渔民称酱油水、蒿黄水），分解出大量的硫化氢、氨、甲烷等有毒物质和气体，有机耗氧量增加，造成局部缺氧，引起养殖鱼类、小龙虾、珍珠蚌甚至螺蚬的大批死亡，这样的地方不宜养殖小龙虾。

网围设施由拦网、石笼、竹桩、防逃网等部分组成。拦网用网目2 厘米，3×3 聚乙烯网片制作。网高 2 米，装有上下钢绳，上纲固定在竹桩上，下纲连接直径为 12～15 厘米的石笼，石笼内装小石子，每米石笼装 5 千克，踩入泥中。竹桩的毛竹长度要求在 3 米以上，围绕圈定的网围区范围，每隔 2～3 米插一根竹桩，要垂直向下插入泥中 0.8 米，作为拦网的支柱。防逃网连接在拦网的上纲，与拦网向下成 45°角，并用钢绳向内拉紧撑起，以防止小龙虾攀网外逃。为了检查小龙虾是否外逃，可以在网围区的外侧下一圈地笼。

网围区的形状以圆形、椭圆形、圆角长方形为最好，因为这种形状抗风能力较强，有利于水体交换，减少小龙虾在拐角处挖坑打洞和水草等漂浮物的堆积。每一个网围区的面积以 10～50 亩为宜。

150. 草荡工程怎样建？

对于草荡，由于面积较湖泊小，可不用围网，工程量相应减少。在渔业生产上，把利用芦荡、草滩、低洼地养小龙虾的做法统称草荡养虾。草荡养虾类型多种多样，有的专门养殖小龙虾，有的进行鱼、虾、蟹混养，虾、蟹、蚌混养。

草荡的生态条件虽然较为复杂，但它具有养殖小龙虾的一些有利条件。草荡多分布在江河中下游和湖泊水库、附近水源充足的旷野里，面积较大，可采用自然养殖和人工养殖相结合，减少人为投入；

草荡中多生长着芦苇、慈姑等杂草，构成小龙虾摄食和隐蔽的场所；草荡水浅，水温宜升高，水体易交换，溶氧足；草荡底栖生物较多，有利于螺、蚬、贝等小龙虾喜爱的饲料生长。草荡设施主要包括以下6个环节：

（1）选好地址 将要养虾的草荡选择好，在四周挖沟围堤，沟宽3~5米，深0.5~0.8米。

（2）基础设施 在荡区开挖"井""田"形沟，宽1.5~2.5米，深0.4~0.6米。

（3）营造小龙虾的洞穴环境 可以在草荡中央挖些小塘坑与虾道连通，每坑面积200米^2。用虾道、塘坑挖出的土顺手筑成小埂，埂宽50厘米即可，长度不限。

（4）移植水草 对草荡区内无草地带还要栽些伊乐藻等沉水植物，保持原有的和新栽的草覆盖荡面45%左右。

（5）进、排水系统 对大的草荡还要建控制闸和排水涵洞，以控制水位。

（6）防逃设施 可用宽60厘米的聚乙烯网片，沿渠边利用树木做桩把水渠围起来，然后用加厚的塑料薄膜缝在网片上，将网片埋入地下20厘米即可。防止小龙虾逃跑和老鼠、蛇等敌害生物入侵。

151. 湖泊、草荡怎样清除敌害？

乌鱼、鲶、蛇等是小龙虾的天敌，必需严格加以清除。因此，在下拦网前一定要用各种捕捞工具，密集驱赶野杂鱼类。最好还要用石灰水、巴豆等清塘药物进行泼洒，然后放网并把底纲的石笼踩实。草荡中敌害较多，如凶猛鱼类、青蛙、蟾蜍、水老鼠、水蛇等。在虾种刚放入和蜕壳时，抵抗力很弱，极易受害，要及时清除敌害。进、排水管口要用金属或聚乙烯密眼网包扎，防止敌害生物的卵、幼体、成体进入草荡。在虾种放养前15天，选择风平浪静的天气，采用电捕、地笼和网捕除野。用几台功率较大电捕鱼器并排前行，来回几次，清捕野杂鱼及肉食性鱼类。药物清塘一般采用漂白粉，每亩用量7.5千克，沿荡区中心泼洒。要经常捕捉敌害鱼类、青蛙、蟾蜍。对鼠类科在专门的粘贴板上放诱饵，诱粘住它们，继而捕获。

152. 虾种如何投放？

小龙虾的苗种放养有两种方式：一是放养 3 厘米的幼虾，每亩放 0.5 万尾，时间在春季 4 月份，当年 6 月份就可成为大规格商品虾；另一种就是在秋季 8—9 月份放养亲虾，每亩放 25 千克左右，第二年 4 月底就可以陆续出售商品虾，而且全年都有虾出售。另外，可放养 3～4 厘米规格鲢鳙鱼夏花 500～1 000 尾。

153. 怎样饲养管理？

(1) 合理投喂　在浅水湖泊和草荡，水草和螺蚬资源相当丰富，可以满足小龙虾摄食和栖居的需要。经过调查发现，在水草种群比较丰富的条件下，小龙虾摄食水草有明显的选择性，爱吃沉水植物中的伊乐藻、菹草、轮叶黑藻、金鱼藻，不吃聚草，苦草也仅吃根部。因此，要及时补充一些小龙虾爱吃的水草。

小龙虾投喂时应尽可能多投喂一些动物性饲料，如小杂鱼、螺蚬类、蚌肉等。小龙虾摄食以夜间为主，一般每天傍晚投喂 1 次。

(2) 水质管理　草荡养虾要注意草多腐烂造成的水质恶化，每年秋季较为严重，应及时除掉烂草，并注新水，水体溶氧量要在 5 毫克/升以上，透明度要达到 35～50 厘米。注新水应在早晨进行，不能在晚上，以防小龙虾逃逸。注水次数和注水量依草荡面积、小龙虾的活动情况和季节、气候、水质变化情况而定。为有利于小龙虾蜕壳和保持蜕壳的坚硬和色泽，在小龙虾大批蜕壳前用生石灰全荡泼洒，用量为每亩 20 千克。

(3) 日常管理　要坚持每天严格巡查网围区防逃设施是否完好。特别是虾种放养后的前 5 天，由于环境突变，小龙虾到处乱爬，最容易逃逸。另外，由于网围受到生物等诸多因素的影响造成破损，稍不注意，将造成小龙虾外逃。7—8 月份是洪涝汛期和台风多发季节，要做好网围设施的加固工作，还要备用一些网片、毛竹、石笼等材料，以便急用。网围周围放的地笼要坚持每天倒袋。如发现情况，及时采取措施。此外，还要把漂浮到拦网附近的水草及时捞掉，以利于水体交换。如果发现网围区内水草过密，则要用刀割去一部分水草，形成3～5米的通道，每个通道的间距20～30米，以利于水体交换。为了改善网围区内的水质条件，在高温季节，每半个月左右用生石灰泼洒1次，每亩水面20千克左右。

在小龙虾生长期间严格禁止在养虾湖泊内捞草，以免伤害草中的虾，特别是蜕壳虾。

154. 什么是茭白池养殖小龙虾？

茭白又叫茭笋、篙芭，古称菰。原产我国，在长江流域各地，尤其江南一带多利用浅水沟、低洼地种植。茭白肉质洁白、柔嫩，含有大量氨基酸，味鲜美，营养丰富，可煮食或炒食，是我国特产的优良水生蔬菜。池上长茭白，池底养小龙虾是当今正在广泛推广的一种立体种养模式。

155. 茭白池工程怎样建？

水源充足、无污染、排污方便、保水力强、耕层深厚肥沃、面积在1亩以上的池塘，均可用于种植茭白作物和养殖小龙虾。

改造工程包括以下三方面：①开挖虾沟，沿垾内四周开挖宽2～4米、深1.0～1.5米的环形虾沟，池塘较大的中间还要适当开挖中间沟，中间沟宽0.5～1.0米，深0.5米，总面积占池塘面积的6%～8%；②安装防逃设施，在放养小龙虾前，要将池塘排水口安装网拦设施，可用宽60厘米的聚乙烯网片，沿渠边利用树木做桩把防水渠围起来，然后用加厚的塑料薄膜缝在网片上，将网片埋入地下20厘米即可，防止小龙虾逃跑和老鼠、蛇等敌害生物入侵；③施基肥，每年2—3月份种茭白前施底肥，可用腐熟的猪、牛粪和绿肥，用量为1 500千克/亩，还要另加钙镁磷肥20千克/亩和复合肥30千克/亩。翻入土层内，耙平耙细，泥肥均匀混合，即可移栽茭白苗木。

156. 茭白苗木如何移栽？

在 9 月中旬至 10 月初，茭白采收时进行选种苗，选取植株健壮、高度中等、茎秆扁平、纯度高的优质茭株作为移栽株并及时移植。待茭株成活后，在第二年 3 月下旬至 4 月中旬再将茭墩挖起，用刀具顺分蘖处将其劈开成数小墩，每墩带匍匐茎和健壮分蘖芽 4～6 个，剪去叶片，保留叶鞘长 16～26 厘米，减少水分蒸发。做到随挖、随分、随栽，使其提早成活。株行距按栽植时期，分墩苗数和采收次数而定，双季茭采用大小行种植，大行距 1 米，小行距 80 厘米，穴距 50 厘米，每亩 1 000 株左右，每穴 6～7 棵苗，栽植深度以根茎和分蘖基部入泥土、分蘖苗芽稍露水面为宜。

157. 虾种如何投放？

在虾种下池前，也就是在茭白苗移栽前 10 天左右，要对虾沟进行清理消毒。待虾沟毒性消失后，再行放苗。每亩可放养 2～3 厘米的小龙虾幼虾 0.5 万～1.0 万尾。先期应将幼虾投放在浅水及凤眼莲浮植区，水生植物供其攀援附着，能显著提高幼虾的成活率。也可投放虾种，每亩投放性成熟的亲虾 25 千克，在茭白池中自繁自养。

158. 怎样饲养管理？

茭白的栽培遵循"浅-深-浅"规律，即浅水栽植、深水活棵、浅水分蘖。在茭白萌芽前灌水深 30 厘米，栽后保持水深 50～80 厘米，分蘖前宜浅水，可促进其分蘖和发根。至分蘖后期，水加深至 100 厘米，可以控制无效分蘖。在 7—8 月份高温期时，宜保持水深 120～150 厘米。

小龙虾的饲料要坚持因地制宜，就近取材。根据季节变化粗、精料配合使用。如菜饼、豆渣、麦麸皮、米糠、蚯蚓、蝇蛆、鱼用颗粒料和其他水生动植物都可作为小龙虾的优质饲料源。自制混合饲料成本低、效果好。投喂的动物性饲料包括螺蚌肉、鱼糜、蚯蚓或捞取的枝角类、桡足类，以及动物屠宰企业的下脚料等，投喂方法是沿虾池边四周浅水区定点多点投喂。投喂量一般为虾体重的 5‰～12‰，采取"四定"投喂法，每天仅傍晚 18～19 时投喂一次即可。

通过人工施有机肥来保持池底肥力。基肥常用人畜粪、绿肥。追肥多用化肥，宜少量多次，可选用尿素、复合肥、钾肥等，有机肥应占总肥量的 70‰。禁用碳酸氢铵，其入水后易水解出 NH_4^+ 和 NH_3，小龙虾对该物质十分敏感。

做好疾病预防工作，科学诊断，对症用药。选用高效低毒、无残留、没有副作用的农药。施药后应及时换注新水，严禁在中午高温时间用药，避免造成生产事故。

159. 如何收获小龙虾?

按采收季节茭白可分为一熟茭和两熟茭。一熟茭，又称单季茭，为严格的短日性植物。在秋季日照变短后才能孕茭，每年只在秋季采收 1 次。一熟茭对水肥条件要求不高。主要品种有广州的大苗茭、软尾茭、象牙茭、寒头茭等。两熟茭，又称双季茭，对日照长短无特殊要求，除炎热的盛夏不能孕茭外，初夏和秋季都能孕茭。栽植当年秋季采收 1 次，称秋茭。第二年初夏再采收 1 次，称夏茭。两熟茭对肥水条件要求较高。主要品种有杭州梭子茭，苏州小腊茭、两头早、无锡中介茭等。采收茭白后，应该用手把墩肉的烂泥培上植株茎部，以备再生。茭白枯叶腐烂后是小龙虾的饲料。一般亩产茭白 750～1 000千克。小龙虾的捕捞收获可以用地笼完成。分期捕捞后，必须及时补足虾种，通过轮捕轮放方式，一般亩产小龙虾 200 千克以上，小龙虾单项收益在 6 000 元以上。

160. 什么是沟渠养殖小龙虾?

用于灌溉、防汛的河沟、渠道面积大，用途单一。由于这些水域都是过水性的，而且水位较浅，加上地处荒野，管理不便，使其多数闲置，造成资源浪费。如果加以科学规划与管理，用这些闲置的沟渠来养殖小龙虾，可使农业增效、农民增收。

161. 沟渠怎样选择？

要求沟渠水源充足，水质良好，注排方便，水深 0.7～1.5 米，不宜过深。最好是常年流水养殖，那么小龙虾产品比池塘养殖的质量更佳，色泽更亮丽，价格也更高，潜力巨大。

如果沟渠的地势略带倾斜就更好了，这样可以创造深浅结合、水温各异的水环境，充分利用光能升温，增加有效生长水温的时数与日数，同时也便于虾栖息与觅食。

162. 放养前有哪些准备工作？

（1）做好拦截和防逃工作　小龙虾逃逸能力较强，尤其是在沟渠这样的活水中更要注意，必须做好防逃设施。在两个桥涵之间用铁丝网拦截，丝网最上端再缝上一层宽约 25 厘米的硬质塑料薄膜作防逃设施。防逃设施可用塑料薄膜、钙塑板、水泥瓦或者网片，沿沟埂两边用竹桩或木桩支撑围起防逃，露出埂上的部分为 50 厘米左右。如果使用网片，需在上部装上 20 厘米的塑料防逃逸。

（2）做好清理消毒工作　沟渠不可能像池塘那样方便抽干水后再行消毒，一般是尽可能地先将水位降低后，再用电捕工具将沟渠内的野杂鱼、生物敌害电死并捞走，最后用漂白粉按每亩 10 千克（以水深 1 米计算）的量进行消毒。

（3）施肥　在小龙虾入沟渠前 10 天进水深 30 厘米，每亩施腐熟畜禽粪肥 300 千克，培育轮虫和枝角类、桡足类等浮游生物，第一次施肥后，可根据水色、pH、透明度的变化，适时追施一次肥料，使池水 pH 保持在 7.5～8.5，培育水色为茶褐色或淡绿色。

（4）栽种水草　沿沟渠护坡和沟底种植一定数量的水草，选用苦草、伊乐藻、空心菜、水花生、凤眼莲、菱角、茭白等，种草面积以沟渠总面积的 70% 为宜。水草既可作为小龙虾的天然食物，又能为其提供栖息和蜕壳环境，缩小活动范围，防止逃逸，减少相互残杀，还具有净化水质、增加溶氧、消浪护坡、防止沟埂坍塌的作用。

（5）**安装安全网罩** 进水口须安装安全网罩或网袋，即过滤网，一般采用60～80目聚乙烯网绢或金属网绢，防止敌害生物如鱼类、蛙类、蛇等进入养殖池，捕食虾种，尤其是小龙虾蜕壳时，最容易受到伤害，还可以防止小龙虾外逃。

163. 虾种如何投放？

在沟渠中养殖小龙虾虾种有两种投放方法：一是每年8—9月份投放抱卵亲虾，密度为每亩水面25千克左右；二是4月投放3厘米左右幼虾1万尾左右。第一次投放虾苗或亲虾的质量很重要，它关系到当年的产量和收益，也关系到第二年的收益，因为第二年的虾种来源于第一年小龙虾自然繁殖的虾苗，可以不再投放或补充虾种。

164. 怎样饲料投喂？

在利用沟渠养殖时，可培育其丰富的动植物饲料资源，减少投喂量，降低养殖成本，提高养殖效益。如在沟渠中投放螺蛳成体、螺蛳幼体、水蚯蚓等，水生底栖动物一般都是小龙虾的优质饲料。每亩沟渠投放300千克左右的螺蛳，既可改善池塘水质，又可使小龙虾有充足的天然饲料，不需再投人工饲料。

饲料投喂以植物性饲料为主，如新鲜的水草、水花生、空心菜、麸皮、米糠、泡胀的大麦、小麦、蚕豆、水稻等。有条件的投放一些动物性饲料，如砸碎的螺蛳、小杂鱼和动物内脏、食品企业的下脚料鱼糜肉糜等。在饲料充足、营养丰富的条件下，可以快速提高小龙虾的生长速度，幼虾40天左右就可达到上市规格。

165. 怎样饲养管理？

建立巡池检查制度，定期检查饲料残留、小龙虾活动、防逃设施等情况。沟渠最好是常年流水，对于那些静水沟渠来说，水质要求保持清新。每 15～20 天换 1 次水，每次换水 1/3 左右。每半月泼洒 1 次生石灰水，每次每亩用生石灰 10 千克，或漂白粉 0.5 千克，调节水质，有利于小龙虾蜕壳生长。

166. 什么是林间建渠养殖小龙虾?

随着我国两型社会建设和林业生态工程建设的推进，一些曾经被挤占的林地被陆续退耕还林。养殖户可以利用这些退耕林区的空闲地带，尤其是低洼地带，稍加改造，辅添一定设施，设计成浅水沟渠或池塘养殖小龙虾，每亩产量可达 200 千克左右获纯利 3 000 元以上。

这是一种种植和养殖双赢的高效林业模式，由于林间保水性能得到加强，既有利于树木的生长，又能充分利用土地资源创造效益，且方法简单，可操作性强，又便于管理。具体方法与稻田养虾基本相似。

167. 林间沟渠怎样建设?

根据地形地貌特点，因地制宜，首先在树林行间距开挖一条长若干米的沟渠，宽约 1.5 米、深约 1 米，使沟渠离两边苗木至少有 50 厘米的安全距离。在渠底铺设一层厚质工程塑料薄膜，用来保水保肥，既可防止沟渠内的蓄水外流，又可防止渠水浸泡树苗。然后在薄膜上覆盖一层厚 15～20 厘米的泥土或沙土，起保肥作用，并为小龙虾栖息提供场所。加高、加固水渠的围堤，夯实堤岸，以防漏水。渠挖成后，施用有机肥或农家牲畜厩肥培肥水质，每亩施发酵的猪粪或牛粪 250 千克，后期可根据水色的深浅和饲料生物的丰歉适当追肥。

168. 林间沟渠养殖环境如何营造?

在浅水沟渠内，人工制造一些适宜小龙虾生长栖息的小生境，在间隔 1～2 米处，修建一个露出水面约 1.0 米² 的浅滩，在浅滩的四周，可用竹筒、塑料瓶、石棉瓦等材料设置一些大小不同的洞穴，供虾隐藏。渠内和浅滩要移植水草，如苦草、轮叶黑藻、蔍草、莲藕、茭白等沉水植物，同时还要移植少部分凤眼莲、浮萍等漂浮植物。水草覆盖范围要占渠面积的 50％以上。水草和浅滩是小龙虾栖息、掘洞、嬉戏、繁殖的最佳环境。在渠内放置一些树枝、树根、砖块、瓦片等可形成人工洞穴，相对缩小其活动区间，有利于小龙虾的快速生长。

169. 如何安装防逃设施？

小龙虾在活水环境中生性活泼，喜欢外逃，因此，要安装好防逃设施。用宽 60 厘米的聚乙烯网片、金属网片或塑料板块，沿渠边利用树木做桩把水渠围起来，然后把加厚的塑料薄膜缝在网片上。

170. 虾种如何投放？

小龙虾投放方法可参考稻田、藕池养殖小龙虾的方法。几以投放亲虾效果好，每亩放亲虾 25～30 千克就可以了。还可以放养体长为 3 厘米的幼虾，密度为 20～30 只/米^2。在虾种下池前要对其消毒，用 3％～5％的食盐水洗浴 5 分钟即可。然后将其放入沟渠的浅水区，任其自由爬行。放虾苗时，人为操作要轻、快，避免将盛虾容器直接倒入深水区。投放时间一般选择在晴天的早晨或傍晚，是一天中气温和水温相对稳定的时候。

171. 怎样饲养管理？

小龙虾的饲料投喂与其养殖方法是一致的，可参照进行。林间沟渠范围狭小，投喂时要选好点，做到定点投喂。通常沿渠边的浅水区，呈带状抛撒或每隔 2 米敷设一个投喂点，循环投喂。投喂量按沟渠虾总体重的 6％～12％计算，一天早晚各 1 次，每次投喂以在 1～2小时摄食完最为合适。

172. 水质如何调节？

林间的浅水沟渠保持常年流水状态有利于小龙虾的高效养殖。对于静水水体，可以每15～20天换1次水，每次换水量为沟渠总蓄水量的1/3。每隔15天左右泼洒1次生石灰或漂白粉化水溶液对水体进行杀毒消毒，调节水质，有利于小龙虾蜕壳。剂量为每次每亩用生石灰10千克，或漂白粉0.5千克。适时追施发酵的有机粪肥，供水草生长和培养饲料生物，也可以起到调节水质的作用。

173. 什么是庭院养殖小龙虾？

小龙虾体形独特，活泼可爱，既可食用，也有一定的观赏价值。养殖户利用房前屋后的空地挖土池、建水泥池，或在天井、庭院内建池，进行小范围高密度养殖小龙虾，通过投喂饲料强化培育与人工暂养育肥相结合，既可增加小龙虾的体重，又可提高小龙虾的品质。庭院养殖可因地制宜，占地面积小、病害少、增速快，可获得很好的经济效益，现已经成为农民朋友增收致富的好项目。

174. 虾池如何建设？

庭院养虾池选择在房前屋后的空地围院建虾池，利用地下水或自来水作养殖水源。虾池可以分为土池和水泥池两种，以水泥池最为实用。虾池的形状可以是方形、圆形或其他形状，以充分利用庭院面积为宜。池底、池壁都要用实心砖砌成，并用水泥抹光滑。底面铺上15～20厘米厚的富含腐殖质的泥土，土质最好是半砂质的。池面积20～200米^2，深1.5米左右，设有完善的、相对的进、排水设施，池底向排水口一侧倾斜。进水口要安装好60～80目的过滤网，防止水中敌害生物进入危害幼虾。池坝上用竹片、网绢围起高40厘米的防逃墙。虾池的正上方还需用竹竿或树干搭建架子种丝瓜、葡萄、黄豆等，给小龙虾池遮阳和降温。虾池水面种植凤眼莲、水花生、浮萍、菹草、黑叶轮藻、茭白等水生植物，占池面积的 1/3～2/3。同时在池底还要设置小龙虾栖息场所，如安设瓦砾、砖头、石块、网片、旧轮胎、草笼、塑料瓶等作虾巢，供虾隐蔽栖息和防御敌害。在庭院新建小龙虾池可用生石灰带水清塘，每亩用量为 80～120 千克。若是新建水泥池，则要用醋酸脱碱后方能使用。

175. 虾种如何投放？

在虾苗放养前 10～15 天，可按每亩水面施猪粪等充分腐熟粪肥 150 千克的量来培肥水质，培育浮游生物及提供适量的有机碎屑用做幼虾饲料。放养虾苗宜在晴天的早晨和傍晚进行，一般放养规格为 3 厘米的幼虾，要求虾种肢体完整、规格整齐、大小一致、健壮活泼，一般每平方米放虾种 80～120 只。在水温 18～28℃时，饲料充足，经过 60～80 天的饲养，成活率可达 80%，成虾规格可达 24～40 只/千克，亩产量在 600 千克以上、经济效益在 10 000 元以上。

176. 如何投喂饲料？

投喂以小鱼、小虾、螺蚬、蚌肉、水蚯蚓、鱼糜、屠宰场下脚料等动物性饲料为主，适当投喂一些瓜类、蔬菜等青绿饲料。在放苗后 3 天内，投以小龙虾喜食的鱼糜、水蚯蚓等，3 天后至 1 个月内投喂小杂鱼、动物下脚料、碎肉或配合饲料。待虾苗长至 6～7 厘米时，可全部投喂轧碎的螺蛳、河蚌及适量的植物性饲料如麦子、麦麸、玉米、饼粕等，最好投喂配合饲料。日投喂量以每次投喂在 1 小时内吃饱、吃完为宜。日投喂量可占全池幼虾体重的 8%～15%，成虾按体重的 5%～10% 计算。一天投喂 2～3 次，早晨和傍晚各 1 次，定点投放在接近水位线的池边上或池边浅水处。视水色、天气、摄食活动情况等增减投喂量。在水色过浓、小龙虾登岸数量较多时，应减少投喂量。阴雨天、天气闷热、有暴雨前兆时要少喂或停喂，晴天要多喂。如发现病虾、死虾，要及时捞出，并查明原因及时处理。对于摄食情况较差的虾池，要及时清除残渣、污物，并减少投喂量或调换适口喂料。待小龙虾活动恢复正常时，应增加投喂量。始终做到喂料新鲜适口，质优量足，满足其生长要求。

177. 如何日常管理？

(1) 水质管理　由于小龙虾生长快，新陈代谢旺盛，耗氧量大，故虾池水质要保持清新。池水每日换1次或隔日换1次，每次换水量为池水的1/3～1/2，使用微流水效果最好。每月需清洗池底污物，扫除残渣，使水质保持清新。确保透明度在30～40厘米。遇酷热天气，要适当加深池水，以稳定池水水温。严防水质污染。

(2) 遮阳控温　小龙虾喜欢生活在阴暗的环境里，如水草中、洞穴里，通过在水中设置阶层状栖息台，或水草垛，有利于小龙虾的生活，能获得较快生长。在每一天中，水温尽可能保持相对稳定，突然的变化会引起小龙虾的应激反应。通过换水、遮阳等办法控制虾池的水温，使小龙虾始终生活在一个比较适宜的环境里。

(3) 疾病预防　放养前虾池消毒，按每亩60～75千克生石灰，化水后全池泼洒，杀死池中有害生物。虾苗下塘前还要做好体表消毒，防止病原体带入池内。定期用生石灰或漂白粉消毒虾池，适时加注新水，保持池水清洁卫生。在饲料中添加多种维生素，增强其免疫力。采用药物、鼠夹、鼠笼、电猫等工具灭鼠，消灭老鼠、水蜈蚣等敌害。发现病害，立即查找病因，进行有效治疗。定期检查维修和加固防逃设施，确保养殖安全。

第七章 小龙虾常见病害防治

178. 小龙虾疾病的发病原因有哪些?

(1) 病原

①病毒 研究表明,淡水螯虾体内中存在着多种病毒,部分病毒可以导致螯虾较大的死亡率。已见报道的从淡水螯虾体内发现的病毒有:

A. 脱氧核糖核酸(DNA)和推定的脱氧核糖核酸(DNA)病毒

a. 核内杆状病毒(类杆状病毒) 澳洲红螯螯虾杆状病毒、佛罗里达螯虾(蓝魔虾)杆状病毒、贵族螯虾杆状病毒、海盗螯虾杆状病毒、白斑综合征病毒。

b. 类病毒 蓝魔虾系统类病毒、寄生澳洲红螯虾鳃上的推定类病毒、卵分离死亡病毒。

B. 核糖核酸(RNA)和推定的核糖核酸(RNA)病毒 双RNA病毒、传染性胰腺坏死病毒、呼肠孤样病毒、螯虾盖蒂病毒样病毒、贵族螯虾鳃上分离的一种病毒、蓝魔虾中分离的一种病毒。

部分种类的病毒在淡水螯虾体内广泛存在,例如,通常100%的淡水螯虾都可能携带有贵族螯虾杆状病毒。有些病毒可能对淡水螯虾是具有致病性的,如寄生于淡水螯虾肠道的核内杆状病毒就可能具有高致病性。在恶劣的养殖环境下,即使毒力比较低的病原生物也可能引起淡水螯虾发病,或者对其正常的生长带来障碍,如澳洲红螯螯虾杆状病毒就能导致小龙虾生长迟缓。

对传播方式研究得比较深入的是澳洲红螯螯虾杆状病毒和螯虾盖蒂病毒样病毒。这两种病毒都是经口传播的,可以通过饲喂被病毒感染的组织或者吞食有病毒附着的粒状物质而完成感染过程。

目前已有野生和养殖环境条件下暴发大规模病毒病的报道。近几年来，我国湖北、浙江等地相继出现淡水小龙虾大量死亡，经诊断基本证实引起这些小龙虾死亡的病原体为对虾白斑综合征病毒。有人试验将病毒感染的对虾组织饲喂给淡水螯虾，发现可以经口将对虾白斑综合征病毒。有人试验将病毒感染的对虾组织饲喂给淡水螯虾，发现可以经口将对虾白斑综合征病毒病传染给淡水螯虾，并导致淡水螯虾患病毒病死亡，死亡率可高达 90％以上。

②细菌　细菌性疾病通常被认为是淡水螯虾次要的或者是与养殖环境恶化有关的一类疾病，因为大多数细菌只有在池水养殖环境恶化的条件下，才能增强其致病性，从而导致淡水螯虾各种细菌性疾病的发生。

细菌性疾病主要有菌血症、细菌性肠道病、细菌性甲壳溃疡病、烂鳃病等。

③立克次氏体　已经报道的在淡水螯虾体内发现的类立克次氏体有两种类型，一种是在淡水螯虾体内全身分布的，最近被命名为螯虾立克次氏体，这已经被证明与澳洲红螯螯虾的大量死亡相关；另一种寄生在淡水螯虾肝胰腺上皮，目前只在一尾澳洲红螯螯虾标本中观察到，是否会导致淡水螯虾患病或者大量死亡，尚不明确。

④真菌　真菌是经常报道的淡水螯虾最重要的病原生物之一，"螯虾瘟疫"就是由这类病原生物所引起的，某些种类的真菌还能够引起淡水螯虾发生另外一些疾病。

同细菌造成淡水螯虾发病相似，真菌引起淡水螯虾发病也与养殖环境水质恶化相关。可以通过改善养殖水体水质的措施，达到有效控真菌致病蔓延的目的。

真菌所引起的疾病主要有螯虾瘟疫和甲壳溃疡病（褐斑病）。

⑤寄生虫　分为原生动物和后生动物。

从淡水螯虾体内发现的原生动物病原主要包括微孢子虫病原、胶孢子虫病原、四膜虫病原和离口虫病原，他们通过寄生或外部感染的方式使淡水螯虾得病。寄生在淡水螯虾体内的这些原生动物能否使淡水螯虾得病取决于螯虾所处的环境，可以通过改善环境的措施（如换水或者减少养殖水体中有机物负荷）来有效控制原生动物病。

寄生在淡水螯虾体内的后生动物包括复殖类（吸虫）、绦虫类（绦虫）、线虫类（蛔虫）和棘头虫类（新棘虫）等蠕虫。大多数寄生的后生动物对螯虾健康的影响并不大，但大量寄生时可能导致淡水螯虾器官功能紊乱。

（2）养殖环境恶化

①水质恶化　养殖水体中各种藻类，因光照不足，泥土、污物等流入，引起藻类生长不旺盛，水体自净能力下降，部分藻类因长时间光照不足及泥土的絮凝作用而下沉死亡，在微生物作用下进行厌氧分解，产生氮、亚硝酸盐、硫化氢等有害物质，水体中这些有害物质超过一定浓度，会使养殖的小龙虾发生慢性或急性中毒，正在蜕壳或刚完成蜕壳的小龙虾容易引起死亡。

如未能恰当地进行水质调节，导致水质恶化；平时没有进行正常的疾病预防，病后乱用药物；发病后未能做到准确诊断和必要的隔离；死虾未及时处理，未感染的虾由于摄食病虾尸体而被传染，这些都能导致疾病的发生或发展。

②重金属　淡水螯虾对环境中的重金属具有天然的富集功能。这些重金属通常从肝胰脏和鳃部进入体内，并且相当多的重金属尤其是铁存在于淡水螯虾的肝胰脏中，在上皮组织内含物中也存在大量的铁，可能严重影响肝胰脏的正常功能。养殖水体中高浓度的铁是淡水螯虾体内铁的主要来源，肝胰脏内的铁的大量富集可能对淡水螯虾的健康造成影响。

尽管淡水螯虾对重金属具有一定的耐受性，但是一旦养殖水体中的重金属含量超过了淡水螯虾的耐受限度，也会导致淡水螯虾中毒身亡。工业污水中的汞、铜、锌、铅等重金属元素含量超标是引起淡水螯虾重金属中毒的主要原因。

③化肥、农药

A. 化肥　稻田养虾因一次性使用化肥（碳酸氢铵、氯化钾等）过量时能引起小龙虾中毒。中毒症状为虾起初不安，随后狂烈倒游或在水面上蹦跳，活动无力时随即静卧池底而死。

B. 农药　养虾稻田用药或用药稻田的水源进入虾池，药物浓度达到一定量时，会导致虾急性中毒。症状为虾竭力上爬，吐泡沫或上岸静卧，或静卧在水生植物上，或在水中翻动立即死亡。

（3）其他因素　大多数发病水体存在着未及时进行捕捞，留存虾密度很高、水草少、淤泥多等情况。此外，养殖水体中的低溶氧或溶氧量过饱和可导致淡水螯虾缺氧（严重时窒息死亡）。概括起来有以下几点：

①清塘消毒　放养前，虾池清整不彻底，腐殖质过多，使水质恶化；放养时，虾种体表没有进行严格消毒；放养后没有及时对虾体和水体进行消毒，这些都给病原体的繁殖感染创造了条件。引种时未进行消毒，可能把病原体带入虾池，在环境条件适宜时，病原体迅速繁殖，部分体弱的虾就容易患病。刚建的新虾池，未用清水浸泡一段时间就放水养虾，可能使小龙虾对水体不适而患病。

②饲料投喂　小龙虾喜食新鲜饲料，如饲料不清洁或腐烂变质，或者盲目过量投喂，加之不定时排污，则会造成虾池残饵及粪便排泄物过多，引起水质恶化，给病原细菌创造繁衍条件，导致螯虾发病。此外，饲料中某种营养物质缺乏也可造成营养性障碍，甚至引起螯虾身体颜色变异，如淡水螯虾由于日粮中缺乏类胡萝卜素就可能出现机体苍白。

③放养规格　若苗种虾规格不整齐，加之池塘本身放养密度过大，投饲不足，则会造成大小虾相互斗殴而致伤，为病原菌进入虾体打开"缺口"。

179. 怎样进行生态预防？

（1）选择适宜的养殖地点建造养殖环境　养殖地点要求地势平缓，以黏性土质为佳。建造的池塘坡比为 1：1.5，水深 1.0～1.8 米。水源要求无污染，pH 为 6.5～8.5，水体总碱度不要低于 50 毫克/升。为保证有足够的地方供虾掘洞，同时也要进排水方便，面积比较大的水域可在池中间构筑多道池埂，所筑之埂，有一端不与池埂连接，使之相通。这样，在养殖密度较高时，通过一个注水口即可使整个池水处于微循环状态，便于管理。

（2）种植或移植水草　池塘种植水草的种类主要是轮叶黑藻、伊乐藻、苦草等水草，可以两种水草兼种，即轮叶黑藻和苦草或者伊乐藻和苦草，覆盖面积2/3。如果因小龙虾吃光水草或其他原因水草被破坏，应及时移植水花生、凤眼莲等。

（3）**水质调节**　注意水体水质的变化，勿使水质过肥，经常加注新水，保护水质肥、活、嫩、爽。

180. 怎样进行免疫预防？

目前，关于水产甲壳动物的机体防御机制尚未完全明了，能准确把握甲壳动物健康状态的科学方法也尚待确立，这给确立水产甲壳动物的免疫防疫造成了一定的障碍。

近年来，面对世界各地水产养殖甲壳动物各种疾病的频发，人们逐渐意识到了解水产甲壳动物的各种疾病以及阐明对这些疾病的机体防御机能的重要性。

现有的资料表明，甲壳动物的机体防御系统与脊椎动物一样，主要包括细胞和体液因子。由于一部分体液因子是在细胞内产生并储藏在细胞内发挥作用的，所以将这两种免疫防御因子严格区分是很困难的。免疫细胞主要是介导血细胞和固着性细胞的吞噬活性，以及由血细胞产生的包围化及结节形成现象；体液因子主要介导酚氧化酶前体活化系统、植物凝血素和杀菌素等。

甲壳动物机体防御机能的活化，并不像脊椎动物那样必须要用致病菌作为免疫原，这就意味着活化甲壳动物防御机能的物质可以在更广阔的范围内寻找。陈昌福等用安琪酵母股份有限公司生产的免疫多糖（酵母细胞壁）注射小龙虾体内后，检测供试虾血清、肌肉和肝胰腺提取液中的酸性磷酸酶（ACP）、碱性磷酸酶（ALP）和过氧化物酶（POD）的活性，结果发现，经注射免疫多糖（酵母细胞壁）刺激后，小龙虾肝胰腺中的 ACP 和 ALP 活性明显增加，而且，在注射后 72 小时时，ACP 活性由对照组的 31.3 国际单位/升提高到 93.4 国际单位/升，ALP 活性有 38.3 国际单位/升提高到了 128 国际单位/升，而在血清和肌肉中 ACP 和 ALP 的活性均没有明显变化。

由上述研究结果可以看出，免疫刺激剂可以增强虾类的抗感染能力，而且采用口服的方式也可以诱导供试虾产生防御能力。这对野外养虾池中大规模饲养虾的疾病预防具有实际意义。

181. 怎样进行药物预防？

药物预防是对生态预防和免疫预防的应急性补充预防措施，原则上对水产动物疾病的预防是不能依赖药物预防的。这是因为除了部分消毒剂外，采用任何药物预防水产动物的疾病，都有可能污染养殖水体或者导致水产动物致病生物产生耐药性。因此，采用药物预防水产动物疾病只是在不得已的情况下采取的措施。

采用消毒剂对养殖水体和工具，养殖动物的苗种、饲料以及食场等进行消毒处理。目的就在于消灭各种有害微生物，为水产养殖动物营造卫生又安全的生活环境。

常用药物预防有如下三种方式：

(1) 外用药 泼洒聚维酮碘、季铵盐络合碘或单元二氧化氯，每10天泼洒1次，可交替使用，使用剂量参考商品药物说明书。

(2) 免疫促进剂预防 对于没有发病的小龙虾，饲料中添加免疫促进剂进行预防，如 β-葡聚糖、壳聚糖、多种维生素等（使用剂量参考商品药物的说明书，投喂时间：每15天可以连续投喂4～6天），可提高小龙虾的抗病力。

(3) 内服药物 每15天可以用中草药（如板蓝根、大黄、鱼腥草混合剂，等比例分配药量）进行预防。中药需要煮水拌饲料投喂，使用剂量为每千克虾/蟹 0.6～0.8克，连续投喂4～5天。如果事先将中草药粉碎混匀，在临用前用开水浸泡20～30分钟，然后连同药物粉末一起拌饲料投喂则效果更佳。

182. 小龙虾的疾病如何诊断？

常见虾病的发病部位在体表、附肢和头胸甲内，目检能直接看到虾的病状和寄生虫情况。但为了诊断准确，还要深入现场观察（彩图29）。

（1）现场调查　对于患病的小龙虾水体，进行水质理化指标检测、包括溶氧、氨氮、硫化氢、pH 等。对养殖环境、虾苗来源、水源、发病历史与过程、死亡率、用药情况等进行现场调查与分析，归纳分析可能的致病原因，排除非病原生物致病因素。

（2）体表调查　已患疾病的小龙虾，体质明显瘦弱，且体色变黑，活动缓慢，有时群集一团，有时乱窜不安，这可能是寄生虫的侵袭或水中含有危害物质引起的。及时从虾池中捞出濒死病虾或刚死不久的虾，按顺序从头胸甲、腹部、尾部及螯足、步足、附肢等仔细观察。从体表上很容易看到一些大型病原体。如果是小型病原体，则需要借助显微镜进行镜检。

（3）实验室诊断　对于肉眼或显微镜无法诊断的患病虾样本，可冷冻保存送到专业实验室进行实验室内的诊断，借助现代生物学研究设备与诊断技术进行小龙虾疾病诊断。

183. 小龙虾常见疾病及防治？

（1）甲壳溃烂病

①病原　细菌。

②症状　初期病虾甲壳局部出现颜色较深的斑点，然后斑点边缘溃烂、出现空洞。

③防治方法

A. 避免损伤。

B. 饲料要投足，防止争斗。

C. 用 10～15 千克/亩的生石灰兑水全池泼洒，或用 2～3 克/米^{3}的漂白粉全池泼洒，可以起到较好的治疗效果。但生石灰与漂白粉不能同时使用。

（2）纤毛虫病

①病原　纤毛虫。

②症状　纤毛虫附着在成虾、幼虾、幼体和受精卵的体表、附肢、鳃等部位，形成厚厚的一层"毛"。

③防治方法

A. 用生石灰清塘，杀灭池中的病原。

B. 用 0.3 毫克/升四烷基季铵盐络合碘全池泼洒。

（3）病毒性疾病

①病原　病毒。

②症状

A. 初期病虾螯足无力、行动迟缓、伏于水草表面或池塘四周浅水处。

B. 解剖后可见少量虾有黑鳃现象、普遍表现肠道内无食物、肝胰脏肿大、偶尔见有出血症状（少数头胸甲外下缘有白色斑块），病虾头胸甲内有淡黄色积水。

③防治方法

A. 用聚维酮碘全池泼洒，使水体中的药物浓度达到 0.3～0.5 毫克/升。

B. 用季铵盐络合碘全池泼洒，使水体中的药物浓度达到 0.3～0.5 毫克/升。

C. 采用单元二氧化氯 100 克溶解在 15 千克水中后，均匀泼洒在每亩（按平均水深 1 米计算）水体中。

D. 聚维酮碘和单元二氧化氯可以交替使用，每种药物可连续使用 2 次，每次用药间隔 2 天。

（4）白斑综合征（彩图 30、彩图 31）

①病原　通过实验室 PCR 分子检测病毒，确认几乎全是白斑综合征病毒感染所致。小龙虾绝大部分种苗的体内携带了病毒，早期病毒量极低，虾正常，随着养殖时间的延长、温度的上升、水环境的恶化、饲料摄入量的增加，以及营养不全面、水体中和虾体内病原生物的大量增殖，形成暴发病，导致小龙虾大量死亡。

②症状　小龙虾活动减少、无力、上草、摄食减少、体内出现积液、头盖壳易剥离、死亡量迅速上升。

③防治方法

A. 改善水质，确保水环境稳定。

B. 投喂全价饲料，特别是添加了抗病毒中药或者免疫促进剂的饲料。

C. 切忌高温期间或温度变化期间过度投喂。

D. 保持水深，防止水温剧烈变化。

E. 水体消毒杀灭病毒，采用碘制剂全池泼洒，每立方水体用量为 0.3～0.5 毫升，连续 2～3 次，隔天 1 次。

F. 避免在捕捞小龙虾时过度干扰小龙虾，以免小龙虾因惊吓而引起应急反应。

G. 注意放养密度。密度应急是小龙虾短时间大量死亡的重要原因之一，包括捕捞时地笼中的小龙虾极易在很短时间内死亡都是密度应急造成的。

H. 无害化处理。白斑综合征病毒传染性极强，死亡虾或病毒污染水体可迅速传播疾病，尽可能捞出病虾、死虾，切忌将患病虾的池水排入进水沟渠。

I. 药物治疗。抗病毒天然植物药物对小龙虾白斑综合征治疗效果显著。内服剂量为每千克虾 0.8 克，连续投喂 4～5 天即可。

184. 病毒性疾病有些什么特点？

病因：由病毒引起。

症状：患病初期病虾螯足无力、行动迟缓、伏于水草表面或池塘四周浅水处；解剖后可见少量虾有黑鳃现象，普遍发现肠道内无食物、肝胰脏肿大，偶尔见有出血症状（少数头胸甲外下缘有白色斑块），病虾头胸甲内有淡黄色积水。

发病特点与分析：

(1) 发病时间 发病时间为每年的 4—5 月份。

(2) 流行地区 主要流行于长江流域，多发于养殖密度较大的水体。该病害的发生与养殖水体环境和养殖水温的提高、与日照的增长有密切关系。

185. 病毒性疾病如何预防？

(1) 放养健康、优质的种苗 种苗是小龙虾养殖的物质基础，是发展健康养殖的关键环节，选择健康、优质的苗种可以从源头上切断病毒的传播链。

（2）控制合理的放养密度　放养密度过大，虾体互相刺伤，病原更易入侵虾体；此外大量的排泄物、残饵和虾壳、浮游生物的尸体等不能及时分解和转化，会产生非离子氨、硫化氢等有毒物质，使溶解氧不足，虾体体质下降，抵抗病害能力减弱。

（3）改善栖息环境，加强水质管理　移植水生植物，定期清除池底过厚淤泥，勤换水，使水体中的物质始终处于良性循环状态。此外，还可以定期泼洒生石灰水或使用微生物制剂如光合细菌、EM 菌等，调节池塘水生态环境。在病害易发期间，用 0.2％维生素 C＋1％大蒜＋2％强力病毒康，加水溶解后用喷雾器喷在饲料上投喂；如发现有虾发病，应及时将病虾隔离，防止病害进一步扩散。

186. 病毒性疾病怎么治？

（1）用聚维酮碘全池泼洒，使水体中的药物含量达到 0.3～0.5 毫克/升。

（2）用季铵盐络合碘全池泼洒，使水体中的药物含量达到 0.3～0.5 毫克/升。

（3）采用二氧化氯 100 克溶解在 15 千克水中后，均匀泼洒在水体中。

（4）聚维酮碘和二氧化氯可以交替使用，每种药物可连续使用 2 次，每次用药间隔 2 天。

187. 黑鳃病有些什么特点？

病因：水质污染严重，虾鳃受真菌感染所致。此外，饲料中缺乏维生素 C 也会引起黑鳃病。

症状：鳃逐步变为褐色或淡褐色，直至全变黑，鳃萎缩；患病的幼虾趋光性变弱，活动无力，多数在池底缓慢爬行，腹部卷曲，体色变白，不摄食。患病的成虾常浮出水面或依附水草露出水外，行动缓

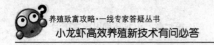

慢呆滞，不进洞穴，最后因呼吸困难而死亡。

188. 黑鳃病如何预防？

（1）消毒运虾苗的容器。放苗前，用生石灰等药物清塘。

（2）放养密度不宜过大，饲料投喂要适当，防止过剩的饲料腐烂变质而污染水体。

（3）更换池水，及时清除残饵和池内腐烂物。

（4）每次每亩用生石灰 5～6 千克，定期消毒水体。

（5）经常投喂青绿饲料。

（6）在成虾养殖中、后期，有条件时尽可能在池内放些蟾蜍，蟾蜍受惊体表分泌毒素，对此病有一定的治疗作用。

189. 黑鳃病怎么治？

（1）用 3‰～5‰ 的食盐水浸浴病虾 2～3 次，每次 3～5 分钟。

（2）用亚甲基蓝 10 克/米^3 溶水全池泼洒。

（3）用 1 毫克/升漂白粉全池泼洒，每天 1 次，连用 2～3 次。

（4）每千克饲料拌 1 克土霉素投喂，每天 1 次，连喂 3 天。

（5）0.1 毫克/升强氯精全池泼洒 1 次。

（6）0.3 毫克/升二氧化氯全池泼洒。

190. 烂鳃病有些什么特点？

病因：由丝状细菌引起。

症状：细菌附生在病虾鳃上并大量繁殖，阻塞鳃部的血液流通，妨碍呼吸。严重时鳃丝发黑、霉烂，引起病虾死亡。

191. 烂鳃病怎么防治？

（1）经常清除虾池中的残饵、污物，避免水质污染，保持良好的水体环境。

（2）漂白粉全池泼洒，含量达到每立方米水体 2～3 克，治疗效果较好。

（3）病虾用高锰酸钾药浴 4 小时，含量为每升水 3～5 毫克。池中病虾较多时用高锰酸钾全池泼洒，含量达到每立方米水体 0.5～0.7 克，6 小时后换水 2/3。

（4）用茶籽饼全池泼洒，含量达到每立方米水体 12～15 克，促进小龙虾蜕壳后换水 2/3。

192. 烂尾病有些什么特点？

病因：小龙虾受伤、相互残杀或被几丁质分解细菌感染所致。

症状：感染初期小龙虾尾部有水疱，边缘溃烂、坏死或残缺不全，随着病情的恶化，溃烂逐步由边缘向中间发展，感染严重时，整个尾部溃烂脱落。

193. 烂尾病怎么预防？

（1）运输和投放苗种时，不要堆压和损伤虾体。

（2）养殖期间饲料要均匀投喂、投足。

194. 烂尾病怎么治？

（1）用 15～20 毫克/升茶饼浸液全池泼洒。

（2）每亩用生石灰 6～8 千克化水后全池泼洒。

（3）用强氯精等消毒剂化水全池泼洒，病情严重的，连续泼洒 4 次，每次间隔 1 天。

195. 烂壳病有些什么特点？

病因：由几丁质分解，假单胞菌、气单胞菌、黏细菌、弧菌或黄

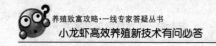

杆菌感染所致。

症状：感染初期小龙虾虾壳上有明显溃烂斑点，斑点呈灰白色，严重溃烂时呈黑色，斑点下陷，出现较大或较多的空洞，导致内部感染，甚至死亡。

196. 烂壳病怎么预防？

（1）小龙虾苗种运输和投放时操作要仔细、轻巧，避免受伤虾入池。

（2）苗种下塘前用3%食盐水消毒5分钟，或用15毫克/升聚维酮碘消毒15～20分钟，或用2毫克/升青霉素浸泡15分钟。

（3）有条件时经常换水，保持池水清洁。

（4）饲料投足，避免残杀现象发生。

（5）每15～20天用25毫克/升生石灰化水全池泼洒。

197. 烂壳病怎么治？

（1）先用25毫克/升生石灰化水全池泼洒1次，3天后再用20毫克/升生石灰化水全池泼洒1次。

（2）用15～20毫克/升茶饼浸泡后全池泼洒。

（3）每千克饲料用3克磺胺间甲氧嘧啶拌饵，每天2次，连用7天后停药3天，再投喂3天。

（4）每立方米水体用2～3克漂白粉全池泼洒。

（5）用2毫克/升福尔马林溶液浸浴病虾20～30分钟。

198. 虾瘟病有些什么特点？

病因：病原是 *Aphanomycesastaci* 真菌。

病症：小龙虾的体表有黄色或褐色的斑点，且在附肢和眼柄的基部可发现真菌的丝状体，病原侵入虾体内部后，攻击其中枢神经系统，并迅速损害运动神经。病虾表现为呆滞，活动性减弱或活动不正常，容易造成病虾大量死亡。

199. 虾瘟病怎么预防？

（1）保持水质清新，维持正常水色和透明度。

（2）放养密度适当。

（3）冬季干池清淤消毒。

（4）平时注意全面消毒。

200. 虾瘟病怎么治？

（1）用0.1毫克/升强氯精全池泼洒。

（2）用1毫克/升漂白粉全池泼洒，每天1次，连用2～3天。

（3）用10毫克/升亚甲基蓝全池泼洒。

（4）每千克饲料拌1克土霉素投喂，连喂3天。

201. 褐斑病有些什么特点？

病因：又称为黑斑病。由于虾池池底水质变坏，弧菌和单胞菌大量滋长，虾体被感染所引起。

病状：小龙虾体表、附肢、触角、尾扇等处，出现黑、褐色点状或斑块状溃疡，严重时病灶增大、腐烂，菌体可穿透甲壳进入软组织，使病灶部分粘连，阻碍蜕壳生长，虾体力减弱，或卧于池边，不久便陆续死亡。

202. 褐斑病怎么预防？

保持虾池水质良好，必要时施用水质改良剂或生石灰等改善水质。

203. 褐斑病怎么治？

（1）连续 2 天泼洒超碘季铵盐（强克 101）0.2 克/米^3。同时每千克饲料中添加氟苯尼考（10％）0.5 克连续内服 5 天。

（2）虾病发后，用 1 克/米^3 的聚维酮碘全池泼洒治疗。隔 2 天再重复用药 1 次。

204. 纤毛虫病有些什么特点？

病因：主要是由钟形虫、斜管虫和累枝虫等寄生所引起的。

症状：纤毛虫附着在虾和受精卵体表、附肢、鳃等器官上。病虾体表有许多棕色或黄绿色绒毛，对外界刺激无敏感反应，活动无力，虾体消瘦，头胸甲发黑，虾体表多黏液，全身都沾满了泥污，并拖着条状物，俗称"拖泥病"。如水温和其他条件适宜时，病原体会迅速繁殖，2～3 天即大量出现，布满虾全身，严重影响小龙虾的呼吸，往往会引起大批死亡。

205. 纤毛虫病怎么预防？

（1）清除池内污物，保持池水清新。

（2）冬季彻底清塘，杀灭池中的病原。发生此病可经常大量换水，减少池水中病原体数量。

206. 纤毛虫病怎么治？

（1）用 0.3 毫克/升的聚维酮碘（PVI，含量为 50％）溶液全池泼洒。

（2）用硫酸铜、硫酸亚铁（5∶2）0.7 毫克/升全池泼洒。

（3）用螯合铜除藻剂（Cutrine-plus）0.5 毫克/升，2～4 小时药浴，有一定效果。

（4）用 20～30 毫克/升生石灰化水全池泼洒，连用 3 次，使池水透明度提高到 40 厘米以上。

（5）用四烷基季铵盐络合碘（季铵盐含量为 50%）全池泼洒，浓度 0.3 毫克/升。

（6）全池泼洒纤虫净 1.2 克/米³，过 5 天后再用 1 次，然后全池泼洒工业硫酸锌 3～4 克/米³，过 5 天后再泼洒 1 次；以上两种药用过后再全池泼洒 0.2～0.3 克/米³ 二溴海因 1 次；纤毛虫很多时，用 1.2 克/米³ 的络合铜泼洒 1 次。

207. 软壳病有些什么特点？

病因：小龙虾体内缺钙。另外，光照不足、pH 长期偏低、池底淤泥过厚、虾苗密度过大、长期投喂单一饲料；蜕壳后钙、磷转化困难，致使虾体不能利用钙、磷所致。

症状：虾壳变软且薄，体色不红或灰暗，活动力差，觅食不旺盛，生长速度变缓，身体各部位协调能力差。

208. 软壳病怎么预防？

（1）冬季清淤、暴晒。

（2）用生石灰彻底清塘。放苗后每 20 天用 25 毫克/升生石灰化水泼洒。

（3）控制放养密度。

（4）池内水草面积不超过池塘面积 75%。

（5）投饲多样化，适当增加含钙饲料。

209. 软壳病怎么治？

（1）每月用 20 毫克/升生石灰水全池泼洒。

（2）用鱼骨粉拌新鲜豆渣或其他饲料投喂，每天 1 次，连用 7～10 天。

（3）每隔半个月全池泼洒消水素（枯草杆菌）0.25 克/米³。

（4）饲料内添加 3%～5%的蜕壳素，连续投喂 5～7 天。

210. 蜕壳不遂有些什么特点？

病因：生长的水体中缺乏钙等某些元素。

症状：小龙虾在其头胸部与腹部交界处出现裂缝，全身发黑。

211. 蜕壳不遂怎么预防？

（1）每 15～20 天用 25 毫克/升生石灰化水全池泼洒。

（2）每月用过磷酸钙 1～2 毫克/升化水全池泼洒。

212. 蜕壳不遂怎么治？

（1）饲料中拌入 1%～2%蜕壳素。

（2）饲料中拌入骨粉、蛋壳粉等增加饲料中钙质。

213. 中毒有些什么特点？

病因：引起小龙虾中毒的化学物质较多，一是池中有机物腐烂分解，微生物分解产生大量氨氮、硫化氢、亚硝酸盐等物质；二是工业污水排放，工业污水中含有汞、铜、锌、铅等重金属元素石油和豆油制品，以及其他有毒性的化学成品，导致健虾类中毒、生长缓慢；二是农药、化肥、其他药物用水排入池中，如有机磷农药、敌百虫、敌杀死等，能引起虾肝胰脏的病变，引起慢性死亡。

症状：根据发病情况分为两类：①发病慢、出现呼吸困难，摄食减少，零星死亡，可能是池塘内有机质腐烂分解引起的中毒；②发病急、出现大量死亡，尸体上浮或下沉，在清晨池水溶解氧量低下时更明显。解剖时可见鳃丝组织坏死变黑，但鳃丝表面无有害生物附生，镜检没有原虫细菌。

214. 中毒怎么防治？

（1）调查虾池周围的水源，看有无工业污水、生活污水、稻田污水等排入，看周围有无新建排污化工厂，因污水的流入而改变池水的来源状况。

（2）将活虾转移到经清池消毒的新池中去，并冲水增加溶氧量，以减少损失，或排注没有污染的新水源稀释。

（3）清理污染源，清理水环境，选择符合生产要求的水源，对水源送样请环保部门进行监测，看污水排放是否达标。

（4）对由于有机质分解引起的中毒，可用降硝氨和解毒安进行处理，池塘（水深1米）解毒安用量为250克/亩并配合降硝氨1千克/亩，全池泼洒，可以有效缓解中毒症状。

参 考 文 献

马达文，钱静，刘家寿，等．2016．稻渔综合种养及其发展建议．中国工程科
　　学，18（3）：96-100．

马达文．2000．稻田养殖乌龟　甲鱼．北京：科学技术文献出版社．

唐建清．2016．小龙虾高效养殖致富技术与实例．北京：中国农业出版社．

陶忠虎，邹叶茂．2014．高效养小龙虾．北京：机械工业出版社．

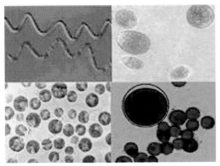

彩图 1　微　藻

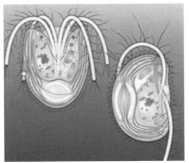

彩图 2　微藻的细微结构

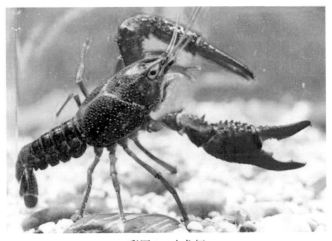

彩图 3　小龙虾

彩图 4　雌　虾

彩图 5　雄　虾

彩图 6 "稻鱼共作"模式

彩图 7 "稻虾连作"模式

彩图 8 "稻蟹共作"模式

彩图 9 "蟹(虾、鳖)池种稻"模式

彩图 10　"蟹池种稻"模式

彩图 11　"鳖池种稻"模式

彩图 12　"鳖稻轮作"模式

彩图 13　"虾稻共作"模式 1

彩图14 "虾稻共作"模式2

彩图15 "鳖虾鱼稻共作"模式1

彩图 16 "鳖虾鱼稻共作"模式 2

分隔田面和环沟
的小堤埂

彩图 17 围埂隔开田面与环沟

彩图 18 稻田环沟

彩图 19 虾 沟

彩图 20　防逃材料

彩图 21　防逃设施

彩图 22　防逃水泥墙

彩图 23　排水管

彩图 24　排水口

彩图 25　遮阳棚

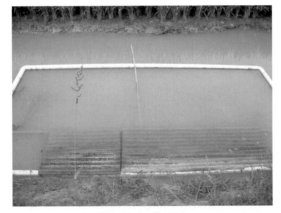

彩图 26　遮阳网

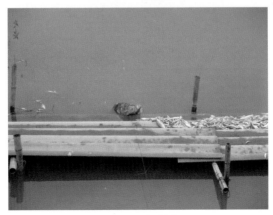

彩图 27　饲料台

彩图 28　诱虫灯

彩图 29　发病群体

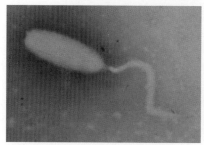

彩图 30　白斑综合征病毒

彩图 31　病　虾